植物科普馆

分布广泛的药用植物

谢宇 主编

天津出版传媒集团

天津科技翻译出版有限公司

图书在版编目（CIP）数据

分布广泛的药用植物/谢宇主编. —天津：天津科技翻译出版有限公司，2012.1（2021.6重印）

（植物科普馆）

ISBN 978-7-5433-2971-3

Ⅰ. ①分… Ⅱ. ①谢… Ⅲ. ①药用植物学－普及读物
Ⅳ. ①Q949.95-49

中国版本图书馆CIP数据核字(2011)第279071号

植物科普馆：分布广泛的药用植物

出　　版：天津科技翻译出版有限公司

出 版 人：刘子媛

地　　址：天津市南开区白堤路244号

邮　　编：300192

电　　话：（022）87894896

传　　真：（022）87895650

网　　址：www.tsttpc.com

印　　刷：永清县晔盛亚胶印有限公司

发　　行：全国新华书店

版本记录：710×1000mm　16开本　12印张　220千字
　　　　　2012年1月第1版　　2021年6月第3次印刷

　　　　　定价：42.00元

编 委 会 名 单

前　言

　　植物是生命的主要形态之一，已经在地球上存在了25亿年。现今地球上已知的植物种类约有40万种。植物每天都在旺盛地生长着，从发芽、开花到结果，它们都在装点着五彩缤纷的世界。而花园、森林、草原都是它们手拉手、齐心协力画出的美景。不管是冰天雪地的南极，干旱少雨的沙漠，还是浩渺无边的海洋、炽热无比的火山口，它们都能奇迹般地生长、繁育，把世界塑造得多姿多彩。

　　但是，你知道吗？植物也会"思考"，植物也有属于自己王国的"语言"，它们也有自己的"族谱"。它们有的是人类的朋友，有的却会给人类的健康甚至生命造成威胁。《植物科普馆》丛书分为《赏心悦目的观赏植物》、《令人称奇的奇异植物》、《绚丽多姿的花花世界》、《硕果累累的瓜果世界》、《净化空气的环境植物》、《变幻莫测的植物之谜》、《错落有致的树木风采》、《急待保护的珍稀植物》、《分布广泛的药用植物》、《功效奇特的药用植物》10本。书中介绍不同植物的不同特点及其对人类的作用，比如，为什么花朵的颜色、结构都各不相同？观赏植物对人类的生活环境都有哪些影响？不同的瓜果各自都富含哪些营养成分以及对人体分别都有哪些作用？……还有关于植物世界的神奇现象与植物自身的神奇本领，比如，植物是怎样来捕食动物的？为什么小草会跳舞？植物也长有眼睛吗？真的有食人花吗？……这些问题，我们都将一一为您解答。为了让青少年朋友们对植物王国的相关知识有进一步的了解，我们对书中的文字以及图片都做了精心的筛选，对选取的每一种植物的形态、特征、功效以及作用都做了详细的介绍。这样，我们不仅能更加近距离地感受植物的美丽、智慧，还能更加深刻地感受植物的神奇与魔力。打开书本，你将会看到一个奇妙的植物世界。

　　本丛书融科学性、知识性和趣味性于一体，不仅可以使读者学到更多知识，而且还可以使他们更加热爱科学，从而激励他们在科学的道路上不断前进，不断探索。同时，书中还设置了许多内容新颖的小栏目，不仅能培养青少年的学习兴趣，还能开阔他们的视野，对知识量的扩充也是极为有益的。

本书编委会

2011年7月

目 录

麻黄···1

桂枝···3

紫苏···4

生姜···5

香薷···7

荆芥···9

防风···10

羌活···11

白芷···13

细辛···14

藁本···16

苍耳子···17

辛夷···18

葱白···20

鹅不食草···21

胡荽···22

柽柳···23

薄荷···24

牛蒡子···25

桑叶···26

菊花···27

蔓荆子···28

柴胡···29

升麻···30

目 录

目录

葛根······31

淡豆豉······32

浮萍······33

木贼······34

知母······35

芦根······37

天花粉······38

淡竹叶······39

鸭跖草······40

栀子······42

夏枯草······44

决明子······45

谷精草······47

密蒙花······48

青葙子······49

黄芩······50

黄连······51

黄柏······53

龙胆······54

秦皮······55

苦参······56

白鲜皮······57

三棵针······58

马尾连······60

苦豆子······62

金银花······63

连翘 …………………………………………… 64

穿心莲 ………………………………………… 65

大青叶 ………………………………………… 66

板蓝根 ………………………………………… 67

青黛 …………………………………………… 68

贯众 …………………………………………… 69

蒲公英 ………………………………………… 70

紫花地丁 ……………………………………… 71

野菊花 ………………………………………… 72

重楼 …………………………………………… 73

拳参 …………………………………………… 74

漏芦 …………………………………………… 76

土茯苓 ………………………………………… 77

鱼腥草 ………………………………………… 78

金荞麦 ………………………………………… 79

大血藤 ………………………………………… 80

败酱草 ………………………………………… 81

射干 …………………………………………… 83

马勃 …………………………………………… 84

青果 …………………………………………… 85

锦灯笼 ………………………………………… 86

金果榄 ………………………………………… 87

木蝴蝶 ………………………………………… 89

白头翁 ………………………………………… 90

马齿苋 ………………………………………… 91

鸦胆子 ………………………………………… 92

目 录

目录

地锦草……………………………………………………… 93

委陵菜……………………………………………………… 94

半边莲……………………………………………………… 95

白花蛇舌草………………………………………………… 96

山慈菇……………………………………………………… 97

千里光……………………………………………………… 99

白蔹………………………………………………………… 100

四季青……………………………………………………… 101

绿豆………………………………………………………… 102

生地黄……………………………………………………… 103

玄参………………………………………………………… 104

牡丹皮……………………………………………………… 105

赤芍………………………………………………………… 106

紫草………………………………………………………… 107

青蒿………………………………………………………… 109

白薇………………………………………………………… 111

地骨皮……………………………………………………… 112

银柴胡……………………………………………………… 113

胡黄连……………………………………………………… 114

大黄………………………………………………………… 115

番泻叶……………………………………………………… 117

芦荟………………………………………………………… 118

火麻仁……………………………………………………… 119

郁李仁……………………………………………………… 120

松子仁……………………………………………………… 121

甘遂………………………………………………………… 122

京大戟…………………………………… 123

芫花…………………………………… 124

商陆…………………………………… 126

牵牛子…………………………………… 127

巴豆…………………………………… 128

千金子…………………………………… 129

独活…………………………………… 130

威灵仙…………………………………… 131

川乌…………………………………… 132

木瓜…………………………………… 133

伸筋草…………………………………… 134

寻骨风…………………………………… 135

松节…………………………………… 136

海风藤…………………………………… 137

青风藤…………………………………… 138

丁公藤…………………………………… 139

昆明山海棠…………………………………… 140

雪上一枝蒿…………………………………… 142

路路通…………………………………… 143

秦艽…………………………………… 144

防己…………………………………… 145

桑枝…………………………………… 146

豨莶草…………………………………… 148

臭梧桐…………………………………… 150

海桐皮…………………………………… 151

络石藤…………………………………… 152

雷公藤 ·· 153

老鹳草 ·· 155

穿山龙 ·· 156

丝瓜络 ·· 157

五加皮 ·· 158

桑寄生 ·· 159

狗脊 ·· 160

千年健 ·· 161

雪莲花 ·· 162

鹿衔草 ·· 164

石楠叶 ·· 165

藿香 ·· 166

佩兰 ·· 167

苍术 ·· 168

厚朴 ·· 169

砂仁 ·· 170

豆蔻 ·· 171

草豆蔻 ·· 172

草果 ·· 173

茯苓 ·· 174

薏苡仁 ·· 175

猪苓 ·· 176

泽泻 ·· 177

冬瓜皮 ·· 178

玉米须 ·· 179

葫芦 ·· 180

香加皮 ·· 181

枳椇子 ·· 182

麻黄

　　又名龙沙、卑相、狗骨、卑盐。为麻黄科植物草麻黄、中麻黄或木贼麻黄的草质茎。草麻黄：小灌木，常呈草本状，木质茎短小，匍匐状；小枝圆，对生或轮生，节间长2.5～6厘米，叶膜质鞘状，上部1/3～2/3分离，2裂（稀3），裂片锐三角形，反曲。雌雄异株；雄球花有多数密集雄花，或成复穗状，雄花有7～8枚雄蕊，雌球花单生枝顶，有苞片4～5对，上面一对苞片内有雌花2朵，雌球花成熟时苞片肉质，红色；种子藏于苞片内，通常为2粒。中麻黄：茎高达1米以上，叶上部约1/3分裂，裂片通常3（稀2），钝三角形或三角形；雄球花常数个密集于节上，呈团状；雌球花2～3生于茎节上，仅先端一轮苞片生有2～3雌花。种子通常3粒（稀2）。木贼麻黄：直立灌木，高达1米，节间短而纤细，长1.5～2.5厘米，叶膜质鞘状，仅上部约1/4分离，裂片2，呈三角形，不反曲；雌花序常着生于节上成对，苞片内有雌花1朵。种子通常为1粒。生长于干燥的山冈、高地、山田或干枯的河床中。主产于吉林、辽宁、内蒙古、河

北、河南、山西等地。秋季采割绿色的草质茎，晒干，除去木质茎、残根及杂质，切段。辛、微苦，温。归肺、膀胱经。发汗散寒，宣肺平喘，利水消肿。用于风寒感冒，胸闷喘咳，风水浮肿。蜜麻黄润肺止咳。多用于表证已解，气喘咳嗽。

2～10克，煎服。发汗解表宜生用，止咳平喘多炙用。本品主要成分为麻黄碱，并含少量伪麻黄碱、挥发油、黄酮类化合物、麻黄多糖等。麻黄挥发油有发汗作用，麻黄碱能使处于高温环境中的人汗腺分泌增多增快。麻黄挥发油乳剂有解热作用。麻黄碱和伪麻黄碱均有缓解支气管平滑肌痉挛的作用。伪麻黄碱有明显的利尿作用。麻黄碱能兴奋心脏，收缩血管，升高血压；对中枢神经系统有明显的兴奋作用，可引起兴奋、失眠、不安。挥发油对流感病毒有抑制作用。其甲醇提取物有抗炎作用。其煎剂有抗病原微生物作用。本品发汗宣肺力强，凡表虚自汗、阴虚盗汗及肺肾虚喘者均当慎用。

桂枝

又名柳桂、桂枝尖、嫩桂枝。为樟科植物肉桂的嫩枝。常绿乔木,高12~17米。树皮呈灰褐色,有芳香,幼枝略呈四棱形。叶互生,革质;长椭圆形至近披针形,长8~17厘米,宽3.5~6厘米,先端尖,基部钝,全缘,上面绿色,有光泽,下面灰绿色,被细柔毛;具离基三出脉,于下面明显隆起,细脉横向平行;叶柄粗壮,长1~2厘米。圆锥花序腋生或近顶生,长10~19厘米,被短柔毛;花小,直径约3厘米;花梗长约5毫米;花被管长约2毫米,裂片6,黄绿色,椭圆形,长约3毫米,内外密生短柔毛;发育雄蕊9,3轮,花药矩圆形,4室,瓣裂,外面2轮花丝上无腺体,花药内向,第3轮雄蕊外向,花丝基部有2腺体,最内尚有1轮退化雄蕊,花药心脏形;雌蕊稍短于雄蕊,子房椭圆形,1室,胚珠1,花柱细,与子房几等长,柱头略呈盘状。浆果椭圆形或倒卵形,先端稍平截,暗紫色,长约12~13毫米,外有宿存花被。种子长卵形,紫色。花期5~7月,果期至次年2~3月。生长于常绿阔叶林中,但多为栽培。主产于广东、广西、云南等地。春、夏二季采收,除去叶,晒干,或切片晒干。以幼嫩、色棕红、气香者为佳。辛、甘,温。归心、肺、膀胱经。发汗解肌,温通经脉,助阳化气,平冲降气。用于风寒感冒,脘腹冷痛,血寒经闭,关节痹痛,痰饮,水肿,心悸,奔豚。3~10克,煎服。本品含挥发油,其主要成分为桂皮醛等。另外尚含有酚类、有机酸、多糖、苷类、香豆精及鞣质等。桂枝水煎剂及桂皮醛有降温、解热作用。桂枝煎剂及乙醇浸液对金黄色葡萄球菌、白色葡萄球菌、伤寒杆菌、常见致病皮肤真菌、痢疾杆菌、肠炎沙门氏菌、霍乱弧菌、流感病毒等均有抑制作用。桂皮油、桂皮醛对结核杆菌有抑制作用,桂皮油有健胃、缓解胃肠道痉挛及利尿、强心等作用。桂皮醛有镇痛、镇静、抗惊厥作用。挥发油有止咳、祛痰作用。本品辛温助热,易伤阴动血,凡外感热病、阴虚火旺、血热妄行等症,均当忌用。孕妇及月经过多者慎用。

紫苏

又名苏叶、全紫苏、紫苏叶。为唇形科植物紫苏的茎、叶，其叶称紫苏叶，其茎称紫苏梗。一年生直立草本，高1米左右，茎方形，紫色或绿紫色，上部被有紫色或白色毛。叶对生，有长柄；卵形或圆卵形，长4~11厘米，宽2.5~9厘米，先端长尖，基部楔形，微下延，边缘有粗锯齿，两面均带紫色，下面有油点。总状花序顶生或腋生；苞片卵形；花萼钟状，具5齿；花冠2唇形，红色或淡红色；雄蕊4枚，2强。生长于山地、路旁、村边或荒地，多为栽培。我国各地均产，主产于江苏、湖北、湖南、浙江、山东、四川等地。九月(白露前后)枝叶茂盛，花序刚长出时采收，阴干。辛，温。归肺、脾经。发散风寒，开宣肺气。主治风寒感冒，常与防风、生姜等同用；若兼咳嗽者，常与杏仁、前胡等配伍，共奏宣肺发表，散寒止咳之效，如杏苏散。若表寒兼气滞胸闷者，常与香附子、陈皮等配伍，如香苏散。3~10克，煎服，不宜久煎。本品含挥发油，其中主要为紫苏醛、左旋柠檬烯及少量α-蒎烯等。苏叶煎剂有缓和的解热作用；有促进消化液分泌，增进胃肠蠕动的作用；能减少支气管分泌，缓解支气管痉挛。本品水煎剂对大肠杆菌、痢疾杆菌、葡萄球菌均有抑制作用。紫苏能缩短血凝时间、血浆复钙时间和凝血活酶时间。紫苏油可使血糖上升。脾虚便溏者慎用紫苏子。

生姜

　　又名姜根、母姜、鲜姜。为姜科植物姜的新鲜根茎。多年生宿根草本，根茎肉质，肥厚，扁平，有芳香和辛辣味。叶子列，披针形至条状披针形，长15~30厘米，宽约2厘米，先端渐尖基部渐狭，平滑无毛，有抱茎的叶鞘；无柄。花茎直立，被以覆瓦状疏离的鳞片；穗状花序卵形至椭圆形，长约5厘米，宽约2.5厘米，苞片卵形，淡绿色；花稠密，长约2.5厘米，先端锐尖；萼短筒状；花冠3裂，裂片披针形，黄色，唇瓣较短，长圆状倒卵形，呈淡紫色，有黄白色斑点；雄蕊1枚，挺出，子房下位；花柱丝状，为淡紫色，柱头呈放射状。蒴果长圆形，长约2.5厘米。花期6~8月。生长于阳光充足、排水良好的沙质地。全国大部分地区均有栽培。主产于四川、贵州等地。秋、冬二季采挖，除去须根及泥沙，切片，生用。辛，微温。归肺、脾、胃经。解表散寒，温中止呕，化痰止咳，解鱼蟹毒。用于风寒感冒，胃寒呕吐，寒痰咳嗽，鱼蟹中毒。3~10克，煎服，或捣汁服。本品含挥发油，油中主要

为姜醇、α-姜烯、β-水芹烯、柠檬醛、芳香醇、甲基庚烯酮、壬醛、α-龙脑等，尚含辣味成分姜辣素。生姜能促进消化液分泌，保护胃黏膜，具有抗溃疡、保肝、利胆、抗炎、解热、抗菌、镇痛、镇吐作用。其醇提取物能兴奋血管运动中枢、呼吸中枢、心脏。正常人咀嚼生姜，可升高血压。生姜水浸液对伤寒杆菌、霍乱弧菌、堇色毛癣菌、阴道滴虫均有不同程度的抑杀作用，并有防止血吸虫卵孵化及杀灭血吸虫作用。本品助火伤阴，故热盛及阴虚内热者忌服。

香薷

又名香草、香菜、香茹、石香薷、石香。为唇形科植物石香薷或江香薷的地上部分。前者习称"青香薷"，后者习称"江香薷"。青香薷：一年生草本，高15~45厘米。茎多分枝，稍呈四棱形，略带紫红色，被逆生长柔毛。叶对生，叶片线状长圆形至线状披针形，长1.3~2.8厘米，宽2~4厘米，边缘具疏锯齿或近全缘，两面密生白色柔毛及腺点。轮伞花序聚成顶生短穗状或头状，苞片圆倒卵形，长4~7毫米；萼钟状，外被白色柔毛及腺点；花冠2唇形，淡紫色，外被短柔毛；能育雄蕊2；花柱2裂。小坚果4，球形，褐色。江香薷：多年生草本，高30~50厘米。茎直立，四棱形，污黄紫色，被短柔毛。单叶对生，叶片卵状三角形至披针形，长3~6厘米，宽0.8~2.5厘米，先端渐尖，基部楔形，边缘具疏锯齿，两面被短柔毛，下面密布凹陷腺点。轮伞花序密集成穗状，顶生或腋生，偏向一侧。苞片广卵形，边缘有睫毛，萼钟状，外被白色短硬毛，五齿裂；花冠唇形，淡紫红色至紫红色，外密被长柔毛。雄蕊4枚，2强；子房上位，四深裂。小坚果近卵形或长圆形，棕色至黑棕色。生长于山野。主产于辽宁、河北、山东、河南、安徽、江苏、浙江、江西、湖北、四川、贵州、云南、陕西、甘肃等地。夏季茎叶茂盛、花盛时择晴天采割，

除去杂质，阴干，切段，生用。辛，微温。归肺、胃经。发汗解表，化湿和中。用于暑湿感冒，恶寒发热，头痛无汗，腹痛吐泻，水肿，小便不利。3～10克，煎服。用于发表，量不宜过大，且不宜久煎；用于利水消肿，量宜稍大，且须浓煎。本品含挥发油，油中主要有香荆芥酚、百里香酚等成分；另含甾醇、黄酮苷等。挥发油有发汗解热作用，能刺激消化腺分泌及胃肠蠕动。挥发油对金黄色葡萄球菌、伤寒杆菌、脑膜炎双球菌等有较强的抑制作用。海州香薷的水煎剂有抗病毒作用。此外，香薷酊剂能刺激肾血管而使肾小球充血，滤过性增强而有利尿作用。本品辛温发汗之力较强，表虚有汗及暑热证者当忌用。

知识 全接触

十八反

古代中药文献中记载的以十八反歌诀为基础的中药相反配伍禁忌。《蜀本草》记载的有十八种，后世续时有所增加，现已不限于十八种。

十八反最早出自张子和的《儒门事亲》，歌诀如下：本草明言十八反，半蒌贝蔹芨攻乌，藻戟遂芫俱战草，诸参辛芍叛藜芦。即三组相反药：乌头（附子、草乌、川乌）反半夏、瓜蒌（瓜蒌皮、瓜蒌仁、全瓜蒌、天花粉）、贝母（浙贝、川贝）、白蔹、白芨；甘草反海藻、京大戟、甘遂、芫花；藜芦反人参、苦参、沙参、丹参、玄参、细辛、芍药（赤芍、白芍）。

荆芥

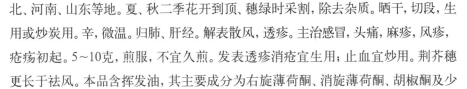

　　又名假苏、鼠实、姜芥、四棱杆蒿。为唇形科植物荆芥的地上部分。一年生草本，有香气。茎直立，方形有短毛。基部带紫红色。叶对生，羽状分裂，裂片3~5，线形或披针形，全缘，两面被柔毛。轮伞花序集成穗状顶生。花冠唇形，淡紫红色，小坚果三棱形。茎方柱形，淡紫红色，被短柔毛。断面纤维性，中心有白色髓部。叶片大多脱落或仅有少数残留。枝的顶端着生穗状轮伞花序，花冠多已脱落，宿萼钟形，顶端5齿裂，淡棕色或黄绿色，被短柔毛，内藏棕黑色小坚果。全国大部分地区有分布。主产于浙江、江苏、河北、河南、山东等地。夏、秋二季花开到顶、穗绿时采割，除去杂质。晒干，切段，生用或炒炭用。辛，微温。归肺、肝经。解表散风，透疹。主治感冒，头痛，麻疹，风疹，疮疡初起。5~10克，煎服，不宜久煎。发表透疹消疮宜生用；止血宜炒用。荆芥穗更长于祛风。本品含挥发油，其主要成分为右旋薄荷酮、消旋薄荷酮、胡椒酮及少量右旋柠檬烯。

另含荆芥苷、荆芥醇、黄酮类化合物等。荆芥水煎剂可增强皮肤血液循环，增加汗腺分泌，有微弱解热作用；对金黄色葡萄球菌、白喉杆菌有较强的抑菌作用，对伤寒杆菌、痢疾杆菌、绿脓杆菌和人型结核杆菌均有一定抑制作用。生品不能明显缩短出血时间，而荆芥炭则能使出血时间缩短。荆芥甲醇及醋酸乙酯提取物均有一定的镇痛作用。荆芥对醋酸引起的炎症有明显的抗炎作用，荆芥穗有明显的抗补体作用。本品性主升散，凡表虚自汗、阴虚头痛者忌服。

防风

又名回云、铜芸、屏风、风肉、白毛草、山芹菜。为伞形科植物防风的根。多年生草本，高达80厘米，茎基密生褐色纤维状的叶柄残基。茎单生，二歧分枝。基生叶有长柄，2～3回羽裂，裂片楔形，有3～4缺刻，具扩展叶鞘。复伞形花序，总苞缺如，或少有1片；花小，白色。双悬果椭圆状卵形，分果有5棱，棱槽间，有油管1，结合面有油管2，幼果有海绵质瘤状突起。生长于丘陵地带山坡草丛中或田边、路旁，高山中、下部。主产于东北、内蒙古、河北、山东、河南、陕西、山西、湖南等地。春、秋二季采挖未抽花茎植株的根，除去须根及泥沙，晒干。辛、甘，微温。归膀胱、肝、脾经。祛风解表，胜湿止痛，止痉。用于感冒头痛，风湿痹痛，风疹瘙痒，破伤风。

5～10克，煎服。本品含挥发油、甘露醇、β-谷甾醇、苦味苷、酚类、多糖类及有机酸等。本品有解热、抗炎、镇静、镇痛、抗惊厥、抗过敏作用。防风新鲜汁对绿脓杆菌和金黄色葡萄球菌有一定抗菌作用，煎剂对痢疾杆菌、溶血性链球菌等有不同程度的抑制作用，并有增强小鼠腹腔巨噬细胞吞噬功能的作用。本品药性偏温，阴血亏虚、热病动风者不宜使用。

羌活

  又名羌滑、黑药、羌青、扩羌使者、胡王使者。为伞形科植物羌活或宽叶羌活的干燥根茎及根。多年生草本，高60～150厘米；茎直立，淡紫色，有纵沟纹。基生叶及茎下部叶具柄，基部两侧成膜质鞘状，叶为2～3回羽状复叶，小叶3～4对，卵状披针形，小叶2回羽状分裂至深裂，最下一对小叶具柄；茎上部的叶近无柄，叶片薄，无毛。复伞形花序，伞幅10～15；小伞形花序约有花20～30朵，花小，白色。双悬果长圆形、主棱均扩展成翅，每棱槽有油管3个，合生面有6个。宽叶羌活与上种区别

点为：小叶长圆状卵形至卵状披针形，边缘具锯齿，叶脉及叶缘具微毛。复伞形花序，伞幅14～23；小伞形花序上生多数花，花淡黄色。双悬果近球形，每棱槽有油管3～4个，合生面有4个。生长于海拔2600～3500米的高山、高原之林下、灌木丛、林缘、草甸。主产于内蒙古、山西、陕西、宁夏、甘肃、青海、湖北、四川等地。春、秋二季采挖，除去须根及泥沙，晒干。辛，苦，温。归膀胱、肾经。解表散寒，祛风除湿，止痛。用于风寒头痛，头痛项强，风湿痹痛，肩背酸痛。3～10克，煎服。本品含挥发油、β-谷甾醇、香豆素类化合物、酚类化合物、胡萝卜苷、欧芹属素乙、有机酸及生物碱等。羌活注射液有镇痛及解热作用，并对皮肤真菌、布氏杆菌有抑制作用。羌活水溶部分有抗实验性心律失常作用。挥发油亦有抗炎、镇痛、解热作用，并能对抗垂体后叶素引起的心肌缺血和增加心肌营养性血流量。对小鼠迟发性过敏反应有抑制作用。本品辛香温燥之性较烈，故阴血亏虚者慎用。用量过多，易致呕吐，脾胃虚弱者不宜服。

白芷

  又名芳香、泽芬、苟蓠、香白芷。为伞形科植物白芷或杭白芷的干燥根。白芷：多年生草本，高1~2米；根圆锥形；茎粗壮中空。基生叶有长柄，基部叶鞘紫色，叶片2~3回三出式羽状全裂，最终裂片长圆形或披针形，边缘有粗锯齿，基部沿叶轴下延成翅状；茎上部叶有显著膨大的囊状鞘。复伞形花序顶生或腋生，伞幅18~70，总苞片通常缺，或1~2，长卵形。膨大成鞘状。花白色，双悬果椭圆形，无毛或极少毛，分果侧棱成翅状，棱槽中有油管1，合生面有2。杭白芷与白芷的主要区别在于植株较矮；茎及叶鞘多为黄绿色。根上方近方形，皮孔样突起大而明显。根为圆锥形。表面淡灰棕色，有多数皮孔样横向突起，排列成行，质重而硬。断面富粉性，形成层环明显，并有多数油室点。生长于山地林缘。产于河南长葛、禹县的习称禹白芷；产于河北安国的习称祁白芷。夏、秋间叶黄时采挖，除去须根及泥沙，晒干或低温干燥。辛，温。归胃、大肠、肺经。解表散寒，祛风止痛，宣通鼻窍，燥湿止带，消肿排脓。用于感冒头痛，眉棱骨痛，鼻塞流涕，鼻衄，鼻渊，牙痛，带下，疮疡肿痛。3~10克，煎服。外用：适量。白芷与杭白芷的化学成分相似，主要含挥发油，并含欧前胡素、白当归素等多种香豆素类化合物，另含白芷毒素、花椒毒素、甾醇、硬脂酸等。小量白芷毒素有兴奋中枢神经、升高血压作用，并能引起流涎呕吐；大量能引起强直性痉挛，继以全身麻痹。白芷能对抗蛇毒所致的中枢神经系统抑制。白芷水煎剂对大肠杆菌、痢疾杆菌、伤寒杆菌、绿脓杆菌、变形杆菌有一定抑制作用；有解热、抗炎、镇痛、解痉、抗癌作用。异欧前胡素等成分有降血压作用。呋喃香豆素类化合物为"光活性物质"，可用以治疗白癜风及银屑病。水浸剂对奥杜盎小芽孢癣菌等致病真菌有一定抑制作用。本品辛香温燥，阴虚血热者忌服。

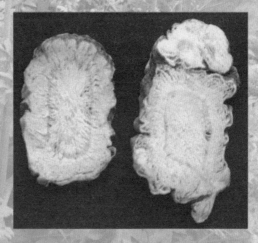

细辛

又名少辛、小辛、细条、细草、山人参、独叶草、金盆草。为马兜铃科植物北细辛或华细辛的根及根茎。前二种习称"辽细辛"。夏季果熟期或初秋采挖，除净地上部分和泥沙，阴干。北细辛：多年生草本，高10~25厘米，叶基生，1~3片，心形或肾状心形，顶端短锐尖或钝，基部深心形，全缘，两面疏生短柔毛或近于无毛；有长柄。花单生，花被钟形或壳形，污紫色，顶端3裂，裂片由基部向下反卷，先端急尖；雄蕊12枚，花丝与花药等长；花柱6。蒴果肉质，半球形。华细辛：与上种类似，唯叶先端渐尖，上面散生短毛，下面仅叶脉散生较长的毛。花被裂片由基部沿水平

方向开展，不反卷。花丝较花药长1.5倍。生长于林下腐殖层深厚稍阴温处，常见于针阔叶混交林及阔叶林下、密集的灌木丛中、山沟底稍湿润处、林缘或山坡疏林下的温地。主产于东北。夏季果熟期或初秋采挖，除净泥沙，阴干。辛，温。归心、肺、肾经。祛风散寒，祛风止痛，通窍，温肺化饮。用于风寒感冒，头痛，牙痛，鼻塞流涕，鼻衄，鼻渊，风湿痹痛，痰饮喘咳。1~3克，煎服。散剂每次服0.5~1克。外用：适量。本品含挥发油，其主要成分为甲基丁香油酚、细辛醚、黄樟醚等多种成分。另含N-异丁基十二碳四烯胺、消旋去甲乌药碱、谷甾醇、豆甾醇等。细辛挥发油、水及醇提取物分别具有解热、抗炎、镇静、抗惊厥及局麻作用；大剂量挥发油可使中枢神经系统先兴奋后抑制，显示一定毒副作用。体外试验对溶血性链球菌、痢疾杆菌及黄曲霉素的产生，均有抑制作用。华细辛醇浸剂可对抗吗啡所致的呼吸抑制。所含消旋去甲乌药碱有强心、扩张血管、松弛平滑肌、增强脂代谢及升高血糖等作用。所含黄樟醚毒性较强，系致癌物质，高温易破坏。阴虚阳亢头痛，肺燥伤阴干咳者忌用。不宜与藜芦同用。

知识全接触

水飞

中药水制炮制法的一种，是分取药材极细粉末的方法。将不溶于水的药材粉碎后放入容器内，加水共研，然后再加入水搅拌，粗粉下沉，细粉混悬在水中，随水倾出，剩下的粗粉再研再飞。倾出的混悬液除水干燥后即成极细粉末。用水飞法所制的粉末细腻，同时也减少了研磨中粉末的飞扬损失。此法常用于甲壳类和矿物类药物的制粉，如水飞朱砂、滑石等。

藁本

又名藁茇、薇茎、藁板、野芹菜。为伞形科植物藁本或辽藁本的干燥根茎及根。多年生草本，高约1米。根茎呈不规则团块状，生有多数须根。基生叶3角形，2回奇数羽状全裂。最终裂片3~4对，边缘不整齐羽状深裂；茎上部叶具扩展叶鞘。复伞形花序，具乳头状粗毛，伞幅15~22，总苞片及小总苞片线形，小总苞片5~6枚；花白色，双悬果，无毛，分果具5棱，各棱槽中有油管5个。辽藁本与上种不同点为，根茎粗壮，基生叶在花期凋落，茎生叶广三角形：2~3回羽状全裂。复伞形花序，伞幅6~19，小总苞片10枚左右。双悬果，果棱具窄翅，每棱槽有油管1~2个，合生面有2~4个。藁本根呈不规则结节状圆柱形。有分枝长3~10厘米，直径1~2厘米。辽藁本较小，根茎具多数细长弯曲的根，呈团块状。生长于润湿的水滩边或向阳山坡草丛中。主产于四川、湖北、湖南、陕西等地。秋季茎叶枯萎或次春出苗时采挖，除去地上部分及泥沙，晒干或烘干。辛，温。归膀胱经。祛风，散寒，除湿，止痛。用于风寒感冒巅顶疼痛，风湿痹痛。3~10克，煎服。本品含挥发油，其中主要成分是3-丁基苯肽，蛇床肽内脂。辽藁本根含挥发油1.5%。另含生物碱、棕榈酸等成分。藁本中性油有镇静、镇痛、解热及抗炎作用，并能抑制肠和子宫平滑肌，还能明显减慢耗氧速度，延长小鼠存活时间，增加组织耐缺氧能力，对抗由垂体后叶素所致的大鼠心肌缺血。

醇提取物有降压作用，对常见致病性皮肤癣菌有抗菌作用。藁本内酯、苯酞及其衍生物能使实验动物气管平滑肌松弛，有较明显的平喘作用。本品辛温香燥，凡阴血亏虚、肝阳上亢、火热内盛之头痛者忌服。

苍耳子

又名苍耳实、苍耳仁、野茄子、刺儿棵、疔疮草、胡苍子、黏黏葵。为菊科植物苍耳的带总苞的果实。一年生草本，高30~90厘米，全体密被白色短毛，茎直立。单叶互生，具长柄；叶片三角状卵形或心形，通常3浅裂，两面均有短毛。头状花序顶生或腋生。瘦果，纺锤形，包在有刺的总苞内。生长于荒地、山坡等干燥向阳处。分布于全国各地。9~10月割取地上部分，打下果实，晒干，去刺，生用或炒用。辛、苦，温；有毒。归肺经。散风除湿，通鼻窍，祛风湿。用于风寒头痛，鼻渊流涕，鼻衄，风疹瘙痒，湿痹拘挛。3~10克，煎服，或入丸、散。本品含苍耳苷、脂肪油、生物碱、苍耳醇、蛋白质、维生素C等。苍耳苷对正常大鼠、兔和犬有显著的降血糖作用。煎剂有镇咳作用。小剂量有呼吸兴奋作用，大剂量则抑制。本品对心脏有抑制作用，使心率减慢，收缩力减弱。对兔耳血管有扩张作用；静脉注射有短暂降压作用。对金黄色葡萄球菌、乙型链球菌、肺炎双球菌有一定抑制作用，并有抗真菌作用。血虚头痛者不宜服用。过量服用易致中毒。

辛夷

又名房木、木笔花、姜朴花、毛辛夷、紫玉兰。为木兰科植物望春花、玉兰或武当玉兰的干燥花蕾。望春花：落叶乔木，干直立，小枝除枝梢外均无毛；芽卵形，密被淡黄色柔毛。单叶互生，具短柄；叶片长圆状披针形或卵状披针形，长10～18厘米，宽3.5～6.5厘米，先端渐尖，基部圆形或楔形，全缘，两面均无毛，幼时下面脉上有毛。花先叶开放，单生枝顶，直径6～8厘米花萼3枚，近线形；花瓣匙形，白色，6片，每3片排成1轮；雄蕊多数；心皮多数，分离。武当玉兰：与望春花相似，但叶倒卵形或倒卵状长圆形，长7～15厘米，宽5～9厘米，先端钝或突尖，叶背面中脉两侧和脉腋密被白色长毛。花大，直径12～22厘米，萼片与花瓣共12片，二者无明显区别，外面粉红色，内面白色。玉兰：叶片为倒卵形或倒卵状矩圆形，长10～18厘米，宽6～10厘米，先端宽而突尖，基部宽楔形，叶背面及脉上有细柔毛。春季开大形白色花，直径10～15厘米，萼片与花瓣共9片，大小近相等，且无显著区别，矩圆状倒卵形。生长于较温暖地区，野生较少。主产于河南、安徽、湖北、四川、陕西等地。

玉兰多为庭院栽培。冬末春初花未开放时采收，除去枝梗，阴干。辛，温。归肺、胃经。散风寒，通鼻窍。用于风寒头痛，鼻塞流涕，鼻鼽，鼻渊。3~10克，包煎；本品有毛，易刺激咽喉，入汤剂宜用纱布包煎。外用：适量。望春花花蕾含挥发油，油中含有望

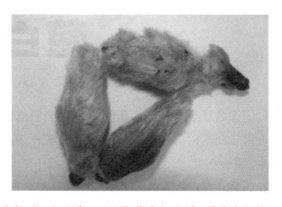

春花素、α-蒎烯、桉叶素等，并含生物碱、木脂素；玉兰花蕾含挥发油，油中含柠檬醛、丁香油酚、桉叶素、生物碱等。武当玉兰花蕾含挥发油、柳叶木兰碱、武当玉兰碱等成分。辛夷有收缩鼻黏膜血管的作用，能保护鼻黏膜，并促进黏膜分泌物的吸收，减轻炎症，可使鼻腔通畅。辛夷浸剂或煎剂对动物有局部麻醉作用。辛夷水或醇提取物有降压作用。水煎剂对横纹肌有乙酰胆碱样作用，并能兴奋子宫平滑肌，亢奋肠运动。对多种致病菌有抑制作用。挥发油有镇静、镇痛、抗过敏、降血压作用。鼻病因于阴虚火旺者忌服。

知识全接触

归经

指中药作用的定位。归，即药物作用的归属；经，指人体的脏腑经络。归经就是把药物的作用与人体的脏腑经络密切联系起来，说明药物作用对机体某部分的选择性作用，即主要对某经（脏腑及其经络）或某几经发生明显的作用，而对其他经作用较小或没作用。比如，同属寒性药物，虽都有清热作用，但其作用范围各有所长，或偏于清肺热，或偏于清肝热；同一补药，也有补脾、补肾、补肺等不同。所以，中医将各种药物对机体各部分的治疗作用进行归纳，使之系统化，形成归经理论。

葱白

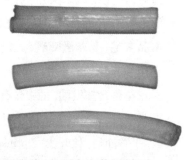

又名葱茎、葱茎白、葱白头。为百合科植物葱近根部的鳞茎。多年生草本，高可达50厘米，通常簇生。须根丛生，白色，鳞茎圆柱形，先端稍肥大，鳞叶成层，白色，上具白色纵纹。叶基生，圆柱形，中空，长约45厘米，径1.5~2厘米，先端尖，绿色，具纵纹；叶鞘浅绿色。花茎自叶丛抽出，通常单一，中央部膨大，中空，绿色，也有纵纹；伞形花序圆球状；总苞膜质，卵形或卵状披针形；花披针形，白色，外轮3枚较短小，内轮3枚较长大，花被片中央有一条纵脉。蒴果三棱形，种子黑色，三角状半圆形。生长于肥沃的砂质土壤。全国各地均有出产。采挖后除去须根和叶，剥去外膜。鲜用。辛，温。归肺、胃经。发汗解表，散寒通阳。可用于寒凝气阻，少腹冷痛，或膀胱气化失司，小便不通等症。3~9克，水煎服。外用：适量。本品含挥发油，油中主要成分为蒜素，还含有二烯丙基硫醚、苹果酸、维生素B_1、维生素B_2、维生素C、维生素A类物质、烟酸、黏液质、草酸钙、铁盐等成分。对白喉杆菌、结核杆菌、痢疾杆菌、链球菌有抑制作用，对皮肤真菌也有抑制作用。此外还有发汗解热、利尿、健胃、祛痰作用。25%的葱滤液在试管内接触时间大于60分钟者，能杀灭阴道滴虫。表虚多汗者忌服。

鹅不食草

又名石胡荽、满天星、食胡荽、鸡肠草、大救驾、地芫荽。为菊科植物石胡荽的干燥全草。一年生匍匐状柔软草本，枝多广展，高8~20厘米，近秃净或稍被棉毛。叶互生；叶片小，匙形，长7~20毫米，宽3~5毫米，先端钝，基部楔形，边缘有疏齿。头状花序无柄，直径3~4毫米，腋生；花杂性，淡黄色或黄绿色，管状；花冠钟状，花柱裂片短，钝或截头形。瘦果四棱形，棱上有毛，无冠毛。生长于稻田阴湿处、或路旁。产于全国各地，主产于浙江、湖北、江苏、广东等地。夏、秋二季花开时采收，洗去泥沙，晒干。辛，温。归肺经。发散风寒，通鼻窍，止咳。用于风寒头痛，咳嗽痰多，鼻塞不通，鼻渊流涕。6~9克。外用：适量。本品含蒲公英甾醇等三萜类成分、β-固甾醇、豆甾醇、挥发油、黄酮类、氨基酸、有机酸等。其挥发油及醇提取液部分有祛痰、止咳、平喘作用。50%水煎剂可抑制结核杆菌的生长，并对白喉杆菌、金黄色葡萄球菌、白色葡萄球菌、甲乙型链球菌、肺炎双球菌、卡他球菌、伤寒杆菌、福氏和宋氏痢疾杆菌、大肠杆菌、绿脓杆菌等实验菌株均呈高度敏感。其蒸馏液在1∶8400浓度有抑制流感病毒作用。内服本品对胃有刺激性。

胡荽

又名胡菜、莞荽、芫荽、香菜、园荽、香荽。为伞形科植物芫荽的全草。一年生或二年生草本，高30～100厘米，全株无毛。根细长，有多数纤细的支根。茎直立，多分枝。基生叶一至二回羽状全列，叶柄长2～8厘米；羽片广卵形或扇形半裂，边缘有钝锯齿、缺刻或深裂。伞形花序顶生或与叶对生，花序梗长2～8厘米，无总苞，花白色或带淡紫色，萼齿通常大小不等，卵状三角形或长卵形；花瓣倒卵形。果实近球形。生长于有机质丰富的土壤里。全国各地均有栽培。八月果实成熟时连根挖起，去净泥土。鲜用或晒干，切段生用。辛，温。归肺、胃经。发表透疹，开胃消食。本品辛香疏散，入肺走表，能宣散表邪，以透发疹毒；入胃走里，能疏散郁滞以开胃消食。3～6克，水煎服。外用：适量。本品含挥发油、苹果酸钾、维生素C、正癸醛、芳樟醇等。胡荽有促进外周血液循环的作用。胡荽子能增进胃肠腺体分泌和胆汁分泌。挥发油有抗真菌作用。热毒壅盛而疹出不畅者忌服。

柽柳

又名三青柳、西河柳、垂丝柳、赤柽木、桧柽柳。为柽柳科植物柽柳的嫩枝叶。落叶灌木或小乔木。柽柳的老枝红紫色或淡棕色。叶互生，披针形，鳞片状，小而密生，呈浅蓝绿色。总状花序集生于当年枝顶，组成圆锥状复花序；花小而密，花粉红色。生长于坡地、沟渠旁。全国各地均有分布，主产于河北、河南、山东、安徽、江苏、湖北、云南、福建、广东等地。夏季花未开时采收，阴干。甘、辛，平。归心、肺、胃经。发表透疹，祛风除湿。用于麻疹不透，风湿痹痛。3～6克，水煎服。外用：适量，煎汤擦洗。本品含挥发油、芸香苷、槲皮苷、有机酸、树脂、胡萝卜苷等。柽柳煎剂对实验小鼠有明显的止咳作用，对肺炎球菌、甲型链球菌、白色葡萄球菌及流感杆菌有抑制作用，并有一定的解热、解毒、抗炎及减轻四氯化碳引起的肝组织损害作用。麻疹已透者不宜使用。用量过大易致心烦、呕吐。

薄荷

又名南薄荷、蕃荷菜、土薄荷、仁丹草、猫儿薄荷。为唇形科植物薄荷的干燥地上部分。多年生草本，高10~80厘米，茎方形，被逆生的长柔毛及腺点。单叶对生，叶片短圆状披针形，长3~7厘米，宽0.8~3厘米，两面有疏柔毛及黄色腺点，叶柄长2~15毫米。轮伞花序腋生，萼钟形，外被白色柔毛及腺点，花冠淡黄色。小坚果卵圆形，黄褐色。生长于河旁、山野湿地。主产于江苏、浙江、湖南等地。夏、秋二季茎叶茂盛或花开至三轮时，选晴天，分次采割，晒干或阴干。辛，凉。归肺、肝经。疏散风热，清利头目，利咽，透疹，疏肝行气。用于风热感冒，风温初起，头痛，目赤，喉痹，口疮，风疹，麻疹，胸胁胀闷。3~6克，入煎剂宜后下。薄荷叶长于发汗解表，薄荷梗偏于行气和中。本品主含挥发油。油中主要成分为薄荷醇、薄荷酮、异薄荷酮、薄荷脑、薄荷酯类等多种成分。另含异端叶灵、薄荷糖苷及多种游离氨基酸等。薄荷油内服通过兴奋中枢神经系统，使皮肤毛细血管扩张，促进汗腺分泌，增加散热，而起到发汗解热作用。薄荷油能抑制胃肠平滑肌收缩，能对抗乙酰胆碱而呈现解痉作用。薄荷醇等多种成分有明显的利胆作用。薄荷脑有抗刺激作用，可使气管产生新的分泌物，而使稠厚的黏液易于排出，故有祛痰作用，并有良好的止咳作用。体外试验，薄荷煎剂对单纯性疱疹病毒、森林病毒、流行性腮腺炎病毒有抑制作用，对金黄色葡萄球菌、白色葡萄球菌、甲型链球菌、乙型链球菌、卡他球菌、肠炎球菌、福氏痢疾杆菌、炭疽杆菌、白喉杆菌、伤寒杆菌、绿脓杆菌、大肠杆菌有抑菌作用。薄荷油外用，能刺激神经末梢的冷感受器而产生冷感，并反射性地造成深部组织血管的变化而起到消炎、止痛、止痒、局部麻醉和抗刺激作用。对癌肿放疗区域皮肤有保护作用。对小白鼠有抗着床和抗早孕作用。本品芳香辛散，发汗耗气，故体虚多汗者不宜使用。

牛蒡子

又名牛子、恶实、鼠黏子、大力子。为菊科植物牛蒡的干燥成熟果实。两年生大形草本，高1~2米，上部多分枝，带紫褐色，有纵条棱。根粗壮，肉质，圆锥形。基生叶大形，丛生，有长柄。茎生叶互生，有柄，叶片广卵形或心形，长30~50厘米，宽20~40厘米，边缘微波状或有细齿，基部心形，下面密布白色短柔毛。茎上部的叶逐渐变小。头状花序簇生于茎顶或排列成伞房状，花序梗长3~7厘米，表面有浅沟，密生细毛；总苞球形，苞片多数，覆瓦状排列，披针形或线状披针形，先端延长成尖状，末端钩曲。花小，淡红色或红紫色，全为管状花，两性，聚药雄蕊5；子房下位，顶端圆盘状，着生短刚毛状冠毛，花柱细长，柱头2裂。瘦果长圆形，具纵棱，灰褐色，冠毛短刺状，淡黄棕色。生长于沟谷林边、荒山草地中，有栽培。主产于吉林、辽宁、黑龙江、浙江等地。秋季果实成熟时采收果序。晒干，打下果实，除去杂质，再晒干。辛、苦、寒。归肺、胃经。疏散风热，宣肺透疹，解毒利咽。用于风热感冒，咳嗽痰多，麻疹，风疹，咽喉肿痛，痄腮，丹毒，痈肿疮毒。6~12克，煎服。炒用可使其苦寒及滑肠之性略减。本品含脂肪油、牛蒡子苷、拉帕酚、维生素A、维生素B_1及生物碱等。牛蒡子煎剂对肺炎双球菌有显著抗菌作用。水浸剂对多种致病性皮肤真菌有不同程度的抑制作用。牛蒡子有解热、利尿、降低血糖、抗肿瘤作用。牛蒡子苷有抗肾病变作用，对实验性肾病大鼠可抑制尿蛋白排泄增加，并能改善血清生化指标。本品性寒，滑肠通便，气虚便溏者慎用。

桑叶

又名黄桑、家桑、荆桑、铁扇子。为桑科植物桑的干燥叶。落叶乔木，偶有灌木。根系主要分布在40厘米的土层内，少数根能深入土中1米至数米。枝条初生时称新梢，皮绿色；入秋后呈黄褐、深褐或灰褐等颜色。枝条有直立、开展或垂卧等形态，其长短粗细、节间稀密、发条数多少等，均与品种有关。桑树的叶互生，形态因品种不同而异，有心脏形、卵圆形或椭圆形等，裂叶或不裂叶，叶缘有不同形状的锯齿，叶基呈凹形或楔形，叶尖锐、钝、尾状或呈双头等。叶片的大小厚薄除与品种有关外，还因季节及肥水情况而有不同，一般春季叶形小，夏秋季叶形大；肥水充足时叶大而厚。桑树的花单性，偶有两性花，雌雄同株或异株。花柱有长短之分，柱头2裂，有茸毛或突起。果实为多肉小果，聚集于花轴周围成聚花果，称桑葚。成熟桑葚紫黑色，偶有白色。内含扁卵形、黄褐色种子。生长于丘陵、山坡、村旁、田野等处，各地均有栽培，以南部各省育蚕区产量较大。初霜后采收，除去杂质，晒干。甘、苦，寒。归肺、肝经。疏散风热，清肺润燥，清肝明目。用于风热感冒，肺热燥咳，头晕头痛，目赤昏花。5~10克，煎服。或入丸、散。外用：煎水洗眼。桑叶蜜制能增强润肺止咳的作用，故肺燥咳嗽多用蜜制桑叶。本品含脱皮固酮、芸香苷、桑苷、槲皮素、异槲皮素、东莨菪素、东莨菪苷等。鲜桑叶煎剂体外试验对金黄色葡萄球菌、乙型溶血性链球菌等多种致病菌有抑制作用。风寒咳嗽者勿用。桑叶、菊花解表力逊，治风热表证者均可加用其他辛散药，以加强解表功效。

菊花

又名菊华、金菊、真菊、日精、节花、九华、金蕊、药菊、甘菊。为菊科植物菊的干燥头状花序。多年生草本，茎直立，具毛，上部多分枝，高60~150厘米。单叶互生，具叶柄；叶片卵形至卵状披针形，长3.5~5厘米，宽3~4厘米，边缘有粗锯齿或深裂成羽状，基部心形，下面有白色毛茸。亳菊：花序倒圆锥形，常压扁呈扁形，直径1.5~3厘米。总苞碟状，总苞片3~4层，卵形或椭圆形，黄绿色或淡绿褐色，外被柔毛，边缘膜质；外围舌状花数层，类白色，纵向折缩；中央管状花黄色，顶端5齿裂。滁菊：类球形，直径1.5~2.5厘米。苞片淡褐色或灰绿色；舌状花白色，不规则扭曲，内卷，边缘皱缩。贡菊：形似滁菊，直径1.5~2.5厘米。总苞草绿色。舌状花白色或类白色，边缘稍内卷而皱缩，管状花少，黄色。杭菊：呈碟形或扁球形，直径2.5~4厘米。怀菊、川菊：花大，舌状花多为白色微带紫色，有散瓣，管状花小，淡黄色至黄色。喜温暖湿润气候、阳光充足、忌遮阴。耐寒，稍耐旱，怕水涝，喜肥。菊花均系栽培，全国大部分省份均有种植，其中以安徽、浙江、河南、四川等省为主产区。秋末霜降前后花盛开时分批采收，阴干或烘干，或熏、蒸后晒干。甘、苦，微寒。归肺、肝经。散风清热，平肝明目，清热解毒。用于风热感冒，头痛眩晕，目赤肿痛，眼目昏花，疮痈肿毒。5~10克，煎服。疏散风热宜用黄菊花，平肝、清肝明目宜用白菊花。本品含挥发油，油中为龙脑、樟脑、菊油环酮等，此外，尚含有菊苷、腺嘌呤、胆碱、黄酮、水苏碱、维生素A、维生素B$_1$、维生素E、氨基酸及刺槐素等。菊花水浸剂或煎剂，对金黄色葡萄球菌、多种致病性杆菌及皮肤真菌均有一定抗菌作用。本品对流感病毒PR3和钩端螺旋体也有抑制作用。菊花制剂有扩张冠状动脉、增加冠脉血流量、提高心肌耗氧量的作用，并具有降压、缩短凝血时间、解热、抗炎、镇静作用。本品寒凉，气虚胃寒、食减泄泻者慎服。

蔓荆子

又名荆子、荆条子、白布荆、蔓青子、万荆子。为马鞭草科植物单叶蔓荆或蔓荆的干燥成熟果实。落叶灌木，高约3米，幼枝方形，密生细柔毛。叶为3小叶，小叶倒卵形或披针形；叶柄较长。顶生圆锥形花序；花萼钟形；花冠淡紫色。核果球形，大部分为宿萼包围。生长于海边、河湖沙滩上。主产于山东、江西、浙江、福建等地。秋季果实成熟时采收，除去杂质，晒干。辛、苦，微寒。归膀胱、肝、胃经。疏散风热，清利头目。用于风热感冒头痛，齿龈肿痛，目赤多泪，目暗不明，头晕目眩。5～10克，煎服。本品含挥发油，主要成分为茨烯、蒎烯，并含蔓荆子黄素、脂肪油、生物碱和维生素A等。蔓荆子有一定的镇静、止痛、退热作用。蔓荆子黄素有抗菌、抗病毒作用。蔓荆叶蒸馏提取物具有增进外周和内脏微循环的作用。青光眼患者禁服用。

柴胡

又名菇草、山菜、茈胡、地薰、柴草。为伞形科植物柴胡或狭叶柴胡的干燥根。按性状不同，分别习称"北柴胡"和"南柴胡"。多年生草本植物。主根圆柱形，有分歧。茎丛生或单生，实心，上部多分枝略呈"之"字形弯曲。基生叶倒披针形或狭椭圆形，早枯；中部叶倒披针形或宽条状披针形，长3~11厘米，下面具有粉霜。复伞形花序腋生兼顶生，花鲜黄色。双悬果椭圆形，棱狭翅状。生长于较干燥的山坡、林中空隙地、草丛、路边或沟边。主产于河北、河南、辽宁、湖北、陕西等地。春、秋二季采挖，除去茎叶及泥沙，干燥。辛、苦，微寒。归肝、胆、肺经。疏散退热，疏肝解郁，升举阳气。用于感冒发热，寒热往来，胸胁胀痛，月经不调，子宫脱垂，脱肛。3~10克，煎服。解表退热宜生用，且用量宜稍重，疏肝解郁宜醋炙，升阳可生用或酒炙，其用量均宜稍轻。柴胡根含α-菠菜甾醇、春福寿草醇及柴胡皂苷A、C、D，另含挥发油等。狭叶柴胡根含柴胡皂甙A、C、D及挥发油、柴胡醇、春福寿草醇、α-菠菜甾醇等。柴胡具有镇静、安定、镇痛、解热、镇咳等广泛的中枢抑制作用。柴胡及其有效成分柴胡皂苷有抗炎作用，其抗炎作用与促进肾上腺皮质系统功能等有关。柴胡皂苷又有降低血浆胆固醇作用。柴胡有较好的抗脂肪肝、抗肝损伤、利胆、降低转氨酶、兴奋肠平滑肌、抑制胃酸分泌、抗溃疡、抑制胰蛋白酶等作用。柴胡煎剂对结核杆菌有抑制作用。此外，柴胡还有抗感冒病毒、增加蛋白质生物合成、抗肿瘤、抗辐射及增强免疫功能等作用。柴胡其性升散，古人有"柴胡劫肝阴"之说，阴虚阳亢，肝风内动，阴虚火旺及气机上逆者忌用或慎用。

升麻

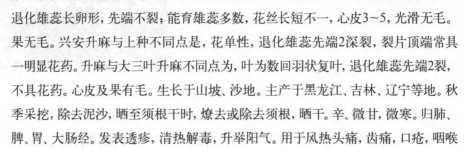

又名周麻、周升麻、绿升麻、鸡骨升麻、鬼脸升麻。为毛茛科植物大三叶升麻、兴安升麻或升麻的干燥根茎。大三叶升麻为多年生草木，根茎上生有多数内陷圆洞状的老茎残基。叶互生，2回3出复叶小叶卵形至广卵形，上部3浅裂，边缘有锯齿。圆锥花序具分枝3~20条，花序轴和花梗密被灰色或锈色的腺毛及柔毛。花两性，退化雄蕊长卵形，先端不裂；能育雄蕊多数，花丝长短不一，心皮3~5，光滑无毛。果无毛。兴安升麻与上种不同点是，花单性，退化雄蕊先端2深裂，裂片顶端常具一明显花药。升麻与大三叶升麻不同点为，叶为数回羽状复叶，退化雄蕊先端2裂，不具花药。心皮及果有毛。生长于山坡、沙地。主产于黑龙江、吉林、辽宁等地。秋季采挖，除去泥沙，晒至须根干时，燎去或除去须根，晒干。辛、微甘，微寒。归肺、脾、胃、大肠经。发表透疹，清热解毒，升举阳气。用于风热头痛，齿痛，口疮，咽喉肿痛，麻疹不透，阳毒发斑，脱肛，子宫脱垂。3~10克，煎服。发表透疹、清热解毒宜生用，升阳举陷宜炙用。本品含升麻碱、水杨酸、咖啡酸、阿魏酸、鞣质等；兴安升麻含升麻苦味素、升麻醇、升麻醇木糖苷、北升麻醇、异阿魏酸、齿阿米素、齿阿米醇、升麻素、皂苷等。升麻对结核杆菌、金黄色葡萄球菌和卡他球菌有中度抗菌作用。北升麻提取物具有解热、抗炎、镇痛、抗惊厥、升高白细胞、抑制血小板聚集及释放等作用。升麻对氯乙酰胆碱、组织胺和氯化钡所致的肠管痉挛均有一定的抑制作用，还具有抑制心脏、减慢心率、降低血压、抑制肠管和妊娠子宫痉挛等作用。其生药与炭药均能缩短凝血时间。麻疹已透、阴虚火旺以及阴虚阳亢者均当忌用。

葛根

　　又名甘葛、干葛、野葛、粉葛、葛子根、黄葛根、葛麻茹。为豆科植物野葛的干燥根，习称野葛。藤本，全株被黄褐色长毛。块根肥大，富含淀粉。3出复叶，互生；中央小叶菱状卵形，长5～19厘米，宽4～18厘米，侧生小叶斜卵形，稍小，基部不对称，先渐尖，全缘或波状浅裂，下面有粉霜，两面被糙毛，托叶盾状，小托叶针状。总状花序腋生，花密集，蝶形花冠紫红色或蓝紫色，长约1.5厘米。荚果条状，扁平，被黄色长硬毛。完整的根呈类圆柱形。商品多为横切或纵切的板片。表面黄色或浅棕色，有时可见残存的淡棕色外皮及横长的皮孔。生长于山坡、平原。主产于湖南、浙江、河南、广西、广东、四川等地。秋、冬二季采挖，趁鲜切成厚片或小块；干燥。甘、辛，凉。归脾、胃、肺经。解肌退热，生津止渴，透疹，升阳止泻，通经活络，解酒毒。用于外感发热头痛，项背强痛，口渴，消渴，麻疹不透，热痢，泄泻，眩晕头痛，中风偏瘫，胸痹心痛，酒毒伤中。10～15克，煎服。解肌退热、透疹、生津宜生用，升阳止泻宜煨用。本品主要含黄酮类物质如大豆苷、大豆苷元、葛根素等，还有大豆素-4，7-二葡萄糖苷、葛根素-7-木糖苷，葛根醇、葛根藤素及异黄酮苷和淀粉。葛根煎剂、醇浸剂、总黄酮、大豆苷、葛根素均能对抗垂体后叶素引起的急性心肌缺血。葛根总黄酮能扩张冠状动脉和脑血管，增加冠状动脉血流量和脑血流量，降低心肌耗氧量，增加氧供应。葛根能直接扩张血管，使外周阻力下降，而有明显降压作用，能较好缓解高血压病人的"项紧"症状。葛根素能改善微循环，提高局部微血流量，抑制血小板凝集。葛根有广泛的β-受体阻滞作用。对小鼠离体肠管有明显解痉作用，能对抗乙酰胆碱所致的肠管痉挛。葛根还具有明显解热作用，并有轻微降血糖作用。表虚多汗、胃寒者慎用。

淡豆豉

又名豆豉、淡豉、香豉、大豆豉。为豆科植物大豆的成熟种子的发酵加工品。一年生草本，高50~150厘米。茎多分枝，密生黄褐色长硬毛。三出复叶，叶柄长达20厘米，密生黄色长硬毛；小叶卵形、广卵形或狭卵形，两侧的小叶通常为狭卵形，长5~15厘米，宽3~8.5厘米。

荚果带状矩形，黄绿色或黄褐色，密生长硬毛，长5~7厘米，宽约1厘米。生长于肥沃的田野。全国各地广泛栽培。取桑叶、青蒿各70~100克，加水煎煮，滤过，煎液拌入净大豆1000克中，待吸尽后，蒸透，取出，稍晾，再置容器内，用煎过的桑叶、青蒿渣覆盖，闷使之发酵至黄衣上遍时取出，除去药渣，洗净，置容器内再闷15~20日，至充分发酵、香气溢出时取出，略蒸，干燥，即得。苦、辛，凉。归肺、胃经。解表，除烦，宣发郁热。用于感冒、寒热头痛，烦躁胸闷，虚烦不眠。6~12克，煎服。本品含脂肪、蛋白质和酶类等成分。淡豆豉有微弱的发汗作用，并有健胃、助消化作用。胃虚易泛恶者慎服。

浮萍

又名水萍、水白、水藓、水苏、萍子草、小萍子、浮萍草。为浮萍科草本植物紫萍的干燥全草。多年生细小草本，漂浮在水面。根5~11条束生，纤维状，长3~5厘米。花序生于叶状体边缘的缺刻内；花草性，雌雄同林；佛焰苞袋状，短小，2唇形，内有2雄花和1雌花，无花被；雄花有雄蕊2，花药2室，花丝纤细；雌花有雌蕊1，子房无柄，1室，具直立胚珠2，花柱短，柱头扁平或环状。果实圆形，边缘有翅。花期4~6月，果期5~7月。浮萍，浮水小草本。根1条，长3~4厘米，纤细，

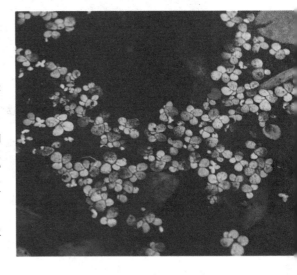

根鞘无翅，根冠钝圆或截切状。叶状体对称，倒卵形、椭圆形或近圆形，长1.5~6毫米，宽2~3毫米，上面平滑，绿色，不透明，下面浅黄色或紫色，全线，具不明显的三脉纹。叶状体背面一侧具囊，新叶状体于囊内形成浮出，以极短的细柄与母体相连，随后脱落。花单性，雌雄同株，生于叶状体边缘开裂处；佛焰苞翼状，内有雌花1，雄花2；雄花花药2室，花丝纤细；雌花具1雌蕊，子房巨室，具弯生胚珠1枚。果实近陀螺状，无翅。种子1颗，具凸起的胚乳和不规则的凸脉12~15条。生长于池沼、水田、湖湾或静水中。全国各地均产。6~9月采收，洗净，除去杂质，晒干。辛，寒。归肺经。宣散风热，透疹，利尿。用于麻疹不透，风疹瘙痒，水肿尿少。3~9克，煎服。外用：适量，煎汤浸洗。本品含红草素、牡荆素等黄酮类化合物。此外，还含有胡萝卜素、叶黄素、醋酸钾、氯化钾、碘、溴、脂肪酸等物质。本品有利尿作用和微弱解热作用。表虚自汗者不宜使用。

木贼

又名锉草、擦草、无心草、木贼草、节骨草、节节草。为木贼科植物木贼的干燥地上部分。一年或多年生草本蕨类植物，根茎短，棕黑色，匍匐丛生；植株高达100厘米。枝端产生孢子叶球，矩形，顶端尖，形如毛笔头。地上茎单一枝，不分枝，中空，有纵列的脊，脊上有疣状突起2行，极粗糙。叶成鞘状，紧包节上，顶部及基部各有一黑圈，鞘上的齿极易脱落。孢子囊生于茎顶，长圆形，无柄，具小尖头。生于河岸湿地、坡林下阴湿处、溪边等阴湿环境。主产于陕西、吉林、辽宁、湖北及黑龙江等地。以陕西产量大，辽宁品质好。均为野生。夏、秋二季采割，除去杂质，晒干或阴干。甘、苦、平。归肺、肝经。疏散风热，明目退翳。用于风热目赤，迎风流泪，目生云翳。3~9克，煎服。本品含挥发油、黄酮及犬问荆碱、二甲砜、果糖等成分。本品有较明显的扩张血管、降压作用，并能增加冠状动脉血流量，使心率减慢。此外，还有抑制中枢神经、抗炎、收敛及利尿等作用。气血虚者慎服。

知母

又名地参、水须、淮知母、穿地龙。为百合科植物知母的干燥根茎。多年生草本，根茎横走，密被膜质纤维状的老叶残基。叶丛生，线形，质硬。花茎直立，从叶丛中生出，其下散生鳞片状小苞片，2~3朵簇生于苞腋，成长形穗状花序，花被长筒形，黄白色或紫堇色，有紫色条纹。蒴果长圆形，熟时3裂。种子黑色。毛知母呈长条状，微弯曲，略扁，少有分枝，长3~15厘米，直径0.8~1.5厘米，顶端有残留的浅黄色叶痕及茎痕，习称"金包头"，上面有一凹沟，具环节，节上密生残存的叶基，

由两侧向上方生长，根茎下有点状根痕。生长于山地、干燥丘陵或草原地带。主产于山西、河北、内蒙古等地。春、秋二季采挖，除去须根及泥沙，晒干，习称"毛知母"；或除去外皮，晒干。苦、甘，寒。归肺、胃、肾经。清热泻火，滋阴润燥。用于外感热病，高热烦渴，肺热燥咳，骨蒸潮热，内热消渴，肠燥便秘。6～12克，煎服。本品根茎含多种知母皂苷、知母多糖；此外，尚含芒果苷、异芒果苷、胆碱、烟酰胺、鞣酸、烟酸及多种金属元素、黏液质、还原糖等。知母浸膏动物实验有防止和治疗大肠杆菌所致高热的作用；体外实验表明，知母煎剂对痢疾杆菌、伤寒杆菌、副伤寒杆菌、霍乱弧菌、大肠杆菌、变形杆菌、白喉杆菌、葡萄球菌、肺炎双球菌、β-溶血性链球菌、白色念珠菌及某些致病性皮肤癣菌等有不同程度的抑制作用；其所含知母聚糖A、B、C、D有降血糖作用，知母聚糖B的活性最强；知母皂苷有抗肿瘤作用。本品性寒质润，有滑肠作用，故脾虚便溏者不宜用。

芦根

又名苇根、芦头、苇子根、甜梗子、芦茅根、芦柴头。为禾本科植物芦苇的新鲜或干燥根茎。多年生高大草本，具有匍匐状地下茎，粗壮，横走，节间中空，每节上具芽。茎高2~5米，节下通常具白粉。叶2列式排列，具叶鞘，叶鞘抱茎，无毛或具细毛；叶灰绿色或蓝绿色，较宽，线状披针形，粗糙，先端渐尖。圆锥花序大形，顶生，直立，有时稍弯曲，暗紫色或褐紫色，稀淡黄色。生长于池沼地、河溪地、湖边、河流两岸沙地及湿地等处，多为野生。全国大部地区均产。全年均可采挖，除去芽、须根及膜状叶，鲜用或晒干。甘，寒。归

肺、胃经。清热泻火，生津止渴，除烦，止呕，利尿。用于热病烦渴，肺热咳嗽，肺痈吐脓，胃热呕哕，热淋涩痛。15~30克，鲜品用量加倍，或捣汁用。本品所含碳水化合物中有木聚糖等多种具免疫活性的多聚糖类化合物，并含有多聚醇、甜菜碱、薏苡素、游离脯氨基酸、天门冬酰胺及黄酮类化合物首蓿素等。本品有解热、镇静、镇痛、降血压、降血糖、抗氧化及雌性激素样作用，对β-溶血链球菌有抑制作用，所含薏苡素对骨骼肌有抑制作用，首蓿素对肠管有松弛作用。脾胃虚寒者忌服。

天花粉

又名白药、蒌根、蒌粉、栝蒌粉、栝楼根、天瓜粉。为葫芦科植物栝楼或双边栝楼的干燥根。多年生草质藤本，根肥厚。叶互生，卵状心形，常掌状3～5裂，裂片再分裂，基部心形，两面被毛，花单性雌雄异株，雄花3～8排，成总状花序，花冠白色，5深裂，裂片先端流苏状，雌花单生，子房卵形，果实圆球形，成熟时橙红色。花期5～8

月，果期8～10月。生长于向阳山坡、石缝、山脚、田野草丛中。主产于河南、山东、江苏、安徽等地。秋季采收，将壳与种子分别进行干燥。甘、微苦，微寒。归肺、胃经。清热泻火，生津止渴，消肿排脓。用于热病烦渴，肺热燥咳，内热消渴，疮疡肿毒。10～15克，煎服。本品主要含淀粉、皂苷、多糖类、氨基酸类、酶类和天花粉蛋白等。皮下或肌肉注射天花粉蛋白，有引产和中止妊娠的作用。天花粉蛋白有免疫刺激和免疫抑制两种作用。体外实验证明，天花粉蛋白可抑制艾滋病病毒（HIV）在感染的免疫细胞内的复制繁衍，减少免疫细胞中受病毒感染的活细胞数，能抑制HIV的DNA复制和蛋白质合成。天花粉水提取物的非渗透部位能降低血糖活性。天花粉煎剂对溶血性链球菌、肺炎双球菌、白喉杆菌有一定的抑制作用。不宜与乌头类药材同用。

淡竹叶

又名山鸡米、长竹叶、竹叶麦冬。为禾本科植物淡竹叶的干燥茎叶。多年生草本，高40~100厘米。根茎短缩而木化。秆直立，中空，节明显。叶互生，广披针形，先端渐尖，基部收缩成柄状，无毛萚，两面有小刺毛，脉平行并有小横脉；叶舌短小，质硬，具缘毛。圆锥花序顶生，小枝开展；小穗狭披针形。颖果深褐色。花期6~9月，果期8~10月。生长于林下或沟边阴湿处。主产于浙江、安徽、湖南、四川、湖北、广东、江西等地。夏季未抽花穗前采割，晒干。甘、淡，寒。归心、胃、小肠经。清热泻火，除烦止渴，利尿通淋。用于热病烦渴，小便赤涩淋痛，口舌生疮。6~10克，煎服。本品含三萜类化合物，如芦竹素、白茅素、蒲公英赛醇及甾类物质如β-谷甾醇、豆甾醇、菜油甾醇、蒲公英甾醇等。本品水浸膏有退热作用，本品利尿作用较弱而增加尿中氯化物的排出量则较强，其粗提取物有抗肿瘤作用，其水煎剂对金黄色葡萄球菌、溶血性链球菌有抑制作用。此外，还有升高血糖作用。虚寒证者忌用。

鸭跖草

又名鸡舌草、鸭脚草、竹叶草、竹节草。为鸭跖草科植物鸭跖草的干燥地上部分。一年生草本，高20~60厘米。茎基部匍匐，上部直立，微被毛，下部光滑，节稍膨大，其上生根。单叶互生，披针形或卵状披针形，基部下延成膜质鞘，抱茎，有缘毛；无柄或几无柄。聚伞花序有花1~4朵；总苞心状卵形，长1.2~2厘米，边缘对合

折叠，基部不相连，有柄；花瓣深蓝色，有长爪。蒴果椭圆形。花期5~8月。生长于田野间。全国大部分地区有分布。夏、秋二季采收，晒干。甘、淡，寒。归肺、胃、小肠经。清热泻火，解毒，利水消肿。用于感冒发热，热病烦渴，咽喉肿痛，水肿尿少，热淋涩痛，痈肿疔毒。15~30克，煎服。鲜品60~90克。外用：适量。本品含花色素糖苷类化合物飞燕草素、飞燕草素双葡萄糖苷-飞燕草苷、阿伏巴苷等。此外，还含鸭跖黄酮和多肽苷等。本品煎剂对金黄色葡萄球菌等有抑制作用，有明显的解热作用。脾胃虚弱者用量宜少。

栀子

　　又名木丹、枝子、黄栀子、山栀子。为茜草科植物栀子的干燥成熟果实。常绿灌木，高可达2米。叶对生或3叶轮生；托叶膜质，联合成筒状。叶片革质，椭圆形、倒卵形至广倒披针形，全缘，表面深绿色，有光泽。花单生于枝顶或叶腋，白色，香气浓郁；花萼绿色。圆筒形，有棱，花瓣卷旋，下部联合呈圆柱形，上部5～6裂；雄蕊通常6枚；子房下位，1室。浆果，壶状，倒卵形或椭圆形，肉质或革质，金黄色，有翅状纵棱5～8条。生长于山坡、路旁，南方各地有野生。全国大部分地区有栽培。9～11月果实成熟呈红黄色时采收，除去果梗及杂质，蒸至上汽或置沸水中略烫，取出，干燥。苦，寒。归心、肺、三焦经。泻火除烦，清热利湿，凉血解毒；外用消肿止痛。

用于热病心烦，湿热黄疸，淋证涩痛，血热吐衄，目赤肿痛，火毒疮疡；外治扭挫伤痛。6～10克。外用：生品适量，研末调敷。本品含异栀子苷、去羟栀子苷、栀子酮苷、山栀子苷、京尼平苷酸及黄酮类栀子素、三萜类化合物藏红花素和藏红花酸、熊果酸等。栀子提取物对结扎胆总管动物的GOT升高有明显的降低作用；栀子及其所含环烯醚萜有利胆作用；其提取物及藏红花苷、藏红花酸、格尼泊素等可使胆汁分泌量增加；栀子及其提取物有利胰及降胰酶作用，京尼平苷降低胰淀粉酶的作用最显著；栀子煎剂及醇提取物有降压作用，其所含成分藏红花酸有减少动脉硬化发生率的作用；栀子的醇提取物有镇静作用；本品对金黄色葡萄球菌、脑膜炎双球菌、卡他球菌等有抑制作用；其水浸液在体外对多种皮肤真菌有抑制作用。本品苦寒伤胃，脾虚便溏者不宜用。

夏枯草

又名羊肠菜、铁色草、春夏草、夏枯头、棒槌草、白花草。为唇形科植物夏枯草的干燥果穗。多年生草本，有匍匐茎。直立茎方形，高约40厘米，表面暗红色，有细柔毛。叶对生，卵形或椭圆状披针形，先端尖，基部楔形，全缘或有细疏锯齿，两面均披毛，下面有细点；基部叶有长柄。轮伞花序密集顶生成假穗状花序，花冠紫红色。小坚果4枚，卵形。生长于荒地或路旁草丛中。分布于全国各地。夏季果穗呈棕红色时采收，除去杂质，晒干。辛、苦、寒。归肝、胆经。清肝泻火，明目，散结消肿。用于目赤肿痛，目珠夜痛，头痛眩晕，瘰疬，瘿瘤，乳痈，乳癖，乳房肿痛。9~15克，煎服，或熬膏服。本品含三萜皂苷、芸香苷、金丝桃苷等苷类物质及熊果酸、咖啡酸、游离齐墩果酸等有机酸；花穗中含飞燕草素、矢车菊素的花色苷、D-樟脑、D-小茴香酮等。本品煎剂、乙醇-水浸出液及乙醇浸出液均可明显降低实验动物血压，茎、叶、穗及全草均有降压作用，但穗的作用较明显；本品水煎醇沉液小鼠腹腔注射，有明显的抗炎作用；本品煎剂在体外对痢疾杆菌、伤寒杆菌、霍乱弧菌、大肠杆菌、变形杆菌、葡萄球菌及人型结核杆菌均有一定的抑制作用。脾胃虚弱者慎用。

决明子

　　又名羊明、决明、草决明、羊角豆、还瞳子、假绿豆。为豆科植物决明或小决明的干燥成熟种子。决明，一年生半灌木状草本，高1~2米，上部多分枝，全体被短柔毛。双数羽状复叶互生，有小叶2~4对，在下面两小叶之间的叶轴上有长形暗红色腺体；小叶片倒卵形或倒卵状短圆形，长1.5~6.5厘米，宽1~3厘米，先端圆形，有小突尖，基部楔形，两侧不对称，全缘。幼时两面疏生柔毛。花成对腋生，小花梗长1~2.3厘米；萼片5，分离；花瓣5，黄色，倒卵形，长约12毫米，具短爪，最上瓣先端有凹，基部渐窄；发育雄蕊7，3枚退化。子房细长弯曲，柱头头状。荚果4棱柱状，略扁，稍弯曲。长15~24厘米，果柄长2~4厘米。种子多数，菱状方形，淡褐色或绿棕色，有光泽，两侧面各有一条线形的宽0.3~0.5毫米浅色斜凹纹。小决明与决明形态相似，但植株较小，通常不超过130厘米。下面两对小叶间各有1个腺体；小花梗、果实及果柄均较短；种子较小，两侧各有1条宽1.5~2毫米的绿黄棕色带。具臭

气。生长于村边、路旁和旷野等处。主产于安徽、江苏、浙江、广东、广西、四川等地。秋季采收成熟果实，晒干，打下种子，除去杂质。甘、苦、咸，微寒。归肝、大肠经。清热明目，润肠通便。用于目赤涩痛，羞明多泪，头痛眩晕，目暗不明，大便秘结。9~15克，煎服。用于润肠通便，不宜久煎。本品主含大黄酸、大黄素、芦荟大黄素、决明子素、橙黄决明素、决明素等蒽醌类物质，以及决明苷、决明酮、决明内酯等萘并吡咯酮类物质；此外，尚含甾醇、脂肪酸、糖类、蛋白质等。本品的水浸出液、醇水浸出液及乙醇浸出液都有降低血压作用；本品有降低血浆总胆固醇和三酰甘油的作用；其注射液可使小鼠胸腺萎缩，对吞噬细胞吞噬功能有增强作用；其所含蒽醌类物质有缓和的泻下作用；其醇浸出液除去醇后，对金黄色葡萄球菌、白色葡萄球菌、橘色葡萄球菌、白喉杆菌、巨大芽孢杆菌、伤寒杆菌、副伤寒杆菌、乙型副伤寒杆菌及大肠杆菌均有抑制作用；其水浸液对皮肤真菌有不同程度的抑制作用。气虚便溏者不宜用。

知识全接触

四性五味

四性，又称四气，指寒、凉、温、热四种药性。寒热偏性不明显的为平性。寒凉药材适用于热性病症，多具清热泻火的作用；温热药材适用于寒性病症，多具温里散寒的特性。

五味指药材的酸、苦、甘、辛、咸五种滋味，另有涩味或淡味。五味还可以和五脏相对应，如《素问》说："酸入肝、苦入心、甘入脾、辛入肺、咸入肾。"五味的作用特点在于"酸收、苦坚、甘缓、辛散、咸软"。

谷精草

又名戴星草、天星草、文星草、移星草、流星草、谷精子。为谷精草科植物谷精草的干燥带花茎的头状花序。多年生草本；叶通常狭窄，密丛生；叶基生，长披针状线形，有横脉。花小，单性，辐射对称，头状花序球形，顶生；总苞片宽倒卵形或近圆形，花苞片倒卵形，顶端聚尖，蒴果膜质，室背开裂。种子单生，胚乳丰富。蒴果长约1毫米，种子长椭圆形，有毛茸。生长于溪沟、田边阴湿地带。主产于江苏、浙江、湖北等地。秋季采收，将花序连同花茎拔出，晒干。辛、甘、平。归肝、肺经。疏散风热，明目退翳。用于风热目赤，肿痛羞明，眼生翳膜，风热头痛。5～10克，煎服。本品含谷精草素。本品水浸剂体外试验对某些皮肤真菌有抑制作用；其煎剂对绿脓杆菌、肺炎双球菌、大肠杆菌有抑制作用。阴虚血亏之眼疾者不宜用。

密蒙花

又名蒙花、水锦花、蒙花珠、老蒙花、糯米花、鸡骨头花。为马钱科植物密蒙花的干燥花蕾及其花序。灌木，高约3米，可达6米。小枝微具四棱，枝及叶柄、叶背、花序等均密被白色至棕黄色星状毛及茸毛。单叶对生，具柄；叶片矩圆状披针形至披针形，长5~12厘米，宽1~4.5厘米，先端渐尖，基部楔形，全缘或有小齿。聚伞花序组成圆锥花序，顶生及腋生，长5~12厘米；花小，花萼及花冠密被毛茸；花萼钟形，4裂；花冠淡紫色至白色，微带黄色，筒状，长1~1.2厘米，直径2~3毫米，先端4裂，裂片卵圆形；雄蕊4，近无花丝，着生于花冠筒中部；子房上位，2室，被毛；蒴果卵形，2瓣裂。种子多数，细小，具翅。小花序花蕾密集，有花蕾数朵至十数朵。生长于山坡、河边、丘陵、村边的灌木丛或草丛中。主产于湖北、四川、陕西、河南、云南等地。春季花未开放时采收，除去杂质，干燥。甘，微寒。归肝经。清热泻火，养肝明目，退翳。用于目赤肿痛，多泪羞明，眼生翳膜，肝虚目暗，视物昏花。3~9克，煎服。本品含刺槐苷、密蒙皂苷A、B，对甲氧基桂皮酰梓醇、梓苷、梓醇，刺槐苷水解后得刺槐素等。本品所含刺槐素有维生素P样作用，能减轻甲醛性炎症，能降低皮肤、小肠血管的通透性及脆性，有解痉及轻度利胆、利尿作用。肝经风热目疾者不宜用。

青葙子

又名草决明、牛尾花子、狗尾巴子、野鸡冠花子。为苋科植物青葙的干燥成熟种子。一年生草本，高达1米。茎直立，绿色或带红紫色，有纵条纹。叶互生，披针形或椭圆状披针形。穗状花序顶生或腋生；苞片、小苞片和花被片干膜质，淡红色，后变白色。胞果卵形，盖裂。种子扁圆形，黑色，有光泽。生长于平原或山坡。全国大部分地区均有栽培。秋季果实成熟时采割植株或摘取果穗，晒干，收集种子，除去杂质。苦，微寒。归肝经。清肝泻火，明目退翳。用于肝热目赤，眼生翳膜，视物昏花，肝火眩晕。9～15克，煎服。本品含对羟基苯甲酸、棕榈酸胆甾烯酯、菸酸、β-谷甾醇、脂肪油及丰富的硝酸钾等。本品有降低血压作用，其所含油脂有扩瞳作用；其水煎液对绿脓杆菌有较强的抑制作用。本品有扩散瞳孔作用，青光眼患者禁用。

黄芩

又名宿肠、腐肠、条芩、子芩、黄金茶根、土金茶根。为唇形科植物黄芩的干燥根。多年生草本，茎高20～60厘米，四棱形，多分枝。叶披针形，对生，茎上部叶略小，全缘，上面深绿色，无毛或疏被短毛，下面有散在的暗腺点；圆锥花序顶生，花蓝紫色，二唇形，常偏向一侧；小坚果，黑色。生长于山顶、林缘、路旁、山坡等向阳较干燥的地方。主产于河北、山西、内蒙古等

地，以河北承德所产质量最佳。春、秋二季采挖，除去须根及泥沙，晒后去粗皮，晒干。苦，寒。归肺、胆、脾、大肠、小肠经。清热燥湿，泻火解毒，止血，安胎。用于湿温、暑湿、胸闷呕恶，湿热痞满，泻痢，黄疸，肺热咳嗽，高热烦渴，血热吐衄，痈肿疮毒，胎动不安。3～10克，煎服。清热多生用，安胎多炒用，清上焦热可酒炙用，止血可炒炭用。本品含黄芩苷元、黄芩苷、汉黄芩素、汉黄芩苷、黄芩新素、苯乙酮、棕榈酸、油酸、脯氨酸、苯甲酸、黄芩酶、β-谷甾醇等。黄芩煎剂在体外对痢疾杆菌、白喉杆菌、绿脓杆菌、伤寒杆菌、副伤寒杆菌、变形杆菌、金黄色葡萄球菌、溶血性链球菌、肺炎双球菌、脑膜炎球菌、霍乱弧菌等有不同程度的抑制作用；黄芩苷、黄芩苷元对豚鼠离体气管过敏性收缩及整体动物过敏性气喘均有缓解作用，并与麻黄碱有协同作用，能降低小鼠耳毛细血管通透性；本品还有解热、降压、镇静、保肝、利胆、抑制肠管蠕动、降血脂、抗氧化、调节cAMP水平、抗肿瘤等作用；黄芩水提取物对前列腺素生物合成有抑制作用。本品苦寒伤胃，脾胃虚寒者不宜使用。

黄连

又名味连、支连、王连、云连、雅连、川连。为毛茛科植物黄连、三角叶黄连或云连的干燥根茎。以上三种分别习称"味连"、"雅连"、"云连"。黄连：多年生草本，高15~25厘米。根茎黄色、成簇生长。叶基生，具长柄，叶片稍带革质，卵状三角形，三全裂，中央裂片稍呈棱形，具柄，长约为宽的1.5~2倍，羽状深裂，边缘具锐锯齿；侧生裂片斜卵形，比中央裂片短，叶面沿脉被短柔毛。花葶1~2，二歧或多歧聚伞花序，有花3~8朵，萼片5，黄绿色，长椭圆状卵形至披针形，长9~12.5毫米；花瓣线形或线状披针形，长5~7毫米，中央有蜜槽；雄蕊多数，外轮比花瓣略短；心皮8~12。蓇葖果具柄。三角叶黄连与上种不同点为：叶的裂片均具十分明显的小柄，中央裂片三角状卵形，4~6对羽状深裂，二回裂片彼此密接；雄蕊长为花瓣之半，种子不育。云南黄连与黄连不同点为：叶裂片上的羽状深裂片间的距离通常更为稀疏；花瓣匙形，先端钝圆，中部以下变狭成为细长的爪。川连：多分枝形如鸡爪。根茎上有多数坚硬的须根残迹，部分节间平滑，习称"过桥"。雅连：多单枝，略呈圆柱形，长4~8厘米，直径0.5~1厘米。"过桥"较长，顶端有少许残茎。云连：多为单枝，较细小，长2~5厘米，直径2~4毫米。生长于海拔1000~1900米的山谷、凉湿荫蔽密林中，也有栽培品。主产于四川、湖北、山西、甘肃等地。秋季采挖，除去须根及泥沙，干燥，去残留须根。苦，寒。归心、脾、胃、肝、胆、大肠经。清热燥湿，泻火解毒。用于湿热痞满，呕吐吞酸，泻痢，黄疸，高热神昏，心火亢盛，心烦不寐，心悸不宁，血热吐衄，目赤，牙痛，消渴，痈肿疔疮；外治湿疹，湿疮，耳道流脓。酒黄连善清上焦火热，用于目赤，口疮。姜黄连清胃和胃止呕，用于寒热互结，湿热中阻，痞满呕吐。萸黄连舒肝和胃止呕，用于肝胃不和，呕吐吞酸。2~5克，煎服。外用：适量。本品主含小檗碱（黄连素），黄连碱，甲基黄连碱，掌叶防己碱，非洲防己碱，依米丁（吐根碱）等多种生物碱；并含黄柏酮，黄柏内酯等。本品对葡萄球菌、链球菌、肺炎球菌、霍乱弧菌、炭疽杆菌及除宋内氏以外的痢疾杆菌均有较强的抗菌作用；对肺炎杆菌、白喉杆菌、枯草杆菌、百日咳杆菌、鼠疫杆菌、布氏杆菌、结核杆菌也有抗菌作用；对大肠杆菌、变形杆菌、伤寒杆菌作用较差；所含小檗碱小剂量时能兴奋心脏，增强其收缩力，增加冠状动脉血流量，大剂量时抑制心脏，减弱其收缩；小檗碱可减少蟾蜍心率，对兔、豚鼠、大鼠离体心房有兴奋作用并有抗心律失常的作用，有利胆、抑制胃液分泌、抗腹泻等作用，小剂量对小鼠大脑皮质的兴奋过程有加强作用，大剂量则对抑制过程有加强作用，有抗急性炎症、抗癌、抑制组织代谢等作用；小檗碱和四氢小檗碱能降低心肌的耗氧量；黄连及其提取成分有抗溃疡作用。

黄柏

又名元柏、黄檗、檗木。为芸香科植物黄皮树的干燥树皮。落叶乔木，高10~12米。单数羽状复叶，对生；小叶7~15，矩圆状披针形及矩圆状卵形，长9~15厘米，宽3~15厘米，顶端长渐尖，基部宽楔形或圆形，不对称，上面仅中脉密被短毛，下面密被长柔毛，花单性，雌雄异株，排成顶生圆锥花序，花序轴密被短毛；果轴及果枝粗大，常密被短毛；浆果状核果球形，熟时黑色，有核5~6。生长于沟边、路旁，土壤比较肥沃的潮湿地。主产于四川、湖北、贵州、云南、江西、浙江等地。剥取树皮后，除去粗皮，晒干。苦，寒。归肾、膀胱经。清热燥湿，泻火除蒸，解毒疗疮。用于湿热泻痢，黄疸尿赤，带下阴痒，热淋涩痛，脚气痿躄，骨蒸劳热，盗汗，遗精，疮疡肿毒，湿疹瘙痒。盐黄柏滋阴降火，用于阴虚火旺，盗汗骨蒸。3~12克，煎服。外用：适量。黄柏树皮含有小檗碱、黄柏碱、木兰花碱、药根碱、掌叶防己碱等多种生物碱，并含黄柏内酯、黄柏酮、黄柏酮酸及7-脱氢豆甾醇、β-谷甾醇、菜油甾醇等；黄皮树树皮含小檗碱、木兰花碱、黄柏碱、掌叶防己碱等多种生物碱及内酯、甾醇等。本品具有与黄连相似的抗病原微生物作用，对痢疾杆菌、伤寒杆菌、结核杆菌、金黄色葡萄球菌、溶血性链球菌等多种致病细菌均有抑制作用；对某些皮肤真菌、钩端螺旋体、乙肝表面抗原也有抑制作用；所含药根碱具有与小檗碱相似的正性肌力和抗心律失常作用；黄柏提取物有降压、抗溃疡、镇静、肌松、降血糖及促进小鼠抗体生成等作用。本品苦寒伤胃，脾胃虚寒者忌用。

龙胆

又名胆草、草龙胆、山龙胆、水龙胆、龙须草、龙胆草。为龙胆科植物条叶龙胆、龙胆、三花龙胆或坚龙胆的干燥根及根茎。前三种习称"龙胆"，后一种习称"坚龙胆"。龙胆为多年生草本，全株绿色稍带紫色。茎直立，单一粗糙。叶对生，基部叶甚小，鳞片状，中部及上部的叶卵形或卵状披针形，长2.5~8厘米，宽1~2厘米，叶缘及叶背主脉粗糙，基部抱茎，主脉3条，无柄的花多数簇生于茎顶及上部叶腋；萼钟形，花冠深蓝色至蓝色，钟5裂，裂片之间有褶状三角形副冠片；雄蕊5；花丝基部有宽翅；蒴果长圆形，种子边缘有翅。三花龙胆与龙胆的不同点是：叶线状披针形，宽0.5~1.2厘米，叶缘及脉光滑不粗糙；花3~5朵簇生于茎顶或叶腋，花冠裂片先端钝。条叶龙胆与三花龙胆近似，不同点是：叶片长圆披针形或条形，宽4~14毫米，叶缘反卷；花1~2朵生于茎顶，花冠裂片三角形，先端急尖。生长于山坡草地、河滩灌木丛中、路边以及林下草甸。主产于东北。春、秋二季采挖，洗净，干燥。苦，

寒。归肝、胆经。清热燥湿，泻肝胆火。用于湿热黄疸，阴肿阴痒，带下，湿疹瘙痒，肝火目赤，耳鸣耳聋，胁痛口苦，强中，惊风抽搐。3~6克，煎服。本品含龙胆苦苷、獐牙菜苦苷、三叶苷、苦龙苷、苦樟苷、龙胆黄碱、龙胆碱、秦艽乙素、秦艽丙素、龙胆三糖、β-谷甾醇等。龙胆水浸剂对石膏样毛癣菌、星形奴卡氏菌等皮肤真菌有不同程度的抑制作用，对钩端螺旋体、绿脓杆菌、变形杆菌、伤寒杆菌也有抑制作用；所含龙胆苦苷有抗炎、保肝及抗疟原虫作用；龙胆碱有镇静、肌松作用，大剂量龙胆碱有降压作用，并能抑制心脏、减缓心率；龙胆有抑制抗体生成及健胃作用。脾胃虚寒者不宜用，阴虚津伤者慎用。

秦皮

又名秦白皮、青榔木、鸡糠树、白荆树。为木樨科植物苦枥白蜡树、白蜡树、尖叶白蜡树或宿柱白蜡树的干燥枝皮或干皮。白蜡树为乔木，高10米左右。叶对生，单数羽状复叶，小叶5～9枚，以7枚为多数，椭圆或椭圆状卵形，顶端渐尖或钝。花圆锥形，花小；雄性花两性花异株，通常无花瓣，花轴无毛，雌雄异株。生长于山沟、山坡及丛林中。主产于陕西、四川、宁夏、云南、贵州、河北等地。春、秋二季剥取，晒干。苦、涩，寒。归肝、胆、大肠经。清热燥湿，收涩止痢，止带，明目。用于湿热泻痢，赤白带下，目赤肿痛，目生翳膜。6～12克，煎服。外用：适量，煎洗患处。苦枥白蜡树树皮含七叶素、七叶苷等香豆精类及鞣质。白蜡树树皮含七叶素、秦皮素。尖叶白蜡树树皮含七叶素、七叶苷、秦皮苷等。宿柱白蜡树树皮含七叶素、七叶苷、秦皮苷、丁香苷、宿柱白蜡苷。本品煎剂对金黄色葡萄球菌、大肠杆菌、福氏痢疾杆菌、宋内氏痢疾杆菌均有抑制作用；七叶苷对金黄色葡萄球菌、卡他球菌、链球菌、奈瑟氏双球菌有抑制作用；秦皮乙素对卡他双球菌、金黄色葡萄球菌、大肠杆菌、福氏痢疾杆菌也有抑制作用；所含秦皮乙素、七叶苷及秦皮苷均有抗炎作用；秦皮乙素有镇静、镇咳、祛痰和平喘作用；秦皮苷有利尿、促进尿酸排泄等作用；七叶树苷亦有镇静、祛痰、促进尿酸排泄等作用。脾胃虚寒者忌用。

苦参

又名苦骨、牛参、川参、地骨、地参、山槐根、凤凰爪。为豆科植物苦参的干燥根。落叶灌木，高0.5~1.5米。叶为奇数羽状复叶，托叶线形，小叶片11~25，长椭圆形或长椭圆披针形，长2~4.5毫米，宽0.8~2厘米，上面无毛，下面疏被柔毛。总状花序顶生，花冠蝶形，淡黄色，雄蕊10，离生，仅基部联合，子房被毛。荚果线形，于种子间缢缩，呈念珠状，熟后不开裂。生长于沙地或向阳山坡草丛中及

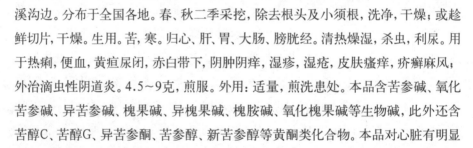

溪沟边。分布于全国各地。春、秋二季采挖，除去根头及小须根，洗净，干燥；或趁鲜切片，干燥。生用。苦，寒。归心、肝、胃、大肠、膀胱经。清热燥湿，杀虫，利尿。用于热痢，便血，黄疸尿闭，赤白带下，阴肿阴痒，湿疹，湿疮，皮肤瘙痒，疥癣麻风；外治滴虫性阴道炎。4.5~9克，煎服。外用：适量，煎洗患处。本品含苦参碱、氧化苦参碱、异苦参碱、槐果碱、异槐果碱、槐胺碱、氧化槐果碱等生物碱，此外还含苦醇C、苦醇G、异苦参酮、苦参醇、新苦参醇等黄酮类化合物。本品对心脏有明显

的抑制作用，可使心率减慢，心肌收缩力减弱，心输出量减少；苦参、苦参碱、苦参黄酮均有抗心律失常作用；苦参注射液对抗乌头碱所致的心律失常，作用较快而持久，并有降压作用；其煎剂对结核杆菌、痢疾杆菌、金黄色葡萄球菌、大肠杆菌均有抑制作用，对多种皮肤真菌也有抑制作用。还有利尿、抗炎、抗过敏、镇静、平喘、祛痰、升高白细胞、抗肿瘤等作用。脾胃虚寒者忌用。反藜芦。

白鲜皮

又名藓皮、北鲜皮、臭根皮、白膻皮。为芸香科植物白鲜的干燥根皮。多年生草本，基部木本，高可达1米，全株有强烈香气。根肉质，黄白色，多分枝。茎幼嫩部分密被白色的长毛及凸起的腺点。单数羽状复叶互生，小叶9~13，卵形至卵状披针形，边缘有锯齿，沿脉被柔毛，密布腺点（油室），叶柄及叶轴两侧有狭翅。总状花序顶生，花梗具条形苞片1枚，花白色，有淡红色条纹，萼片5，花瓣5，雄蕊10，蒴果5

裂，密被棕黑色腺点及白色绒毛。生长于土坡、灌木丛中、森林下及山坡阳坡。主产于辽宁、河北、山东、江苏等地。均为野生。春、秋二季采挖根部，除去泥沙及粗皮，剥取根皮，干燥。苦，寒。归脾、胃、膀胱经。清热燥湿，祛风解毒。用于湿热疮毒，黄水淋漓，湿疹，风疹，疥癣疮癞，风湿热痹，黄疸尿赤。5~10克。外用：适量，煎汤洗或研粉敷。本品含白鲜碱、白鲜内酯、胡芦巴碱、胆碱、谷甾醇、白鲜脑交酯、皮酮、黄柏酮、黄柏酮酸等。本品水浸剂对堇色毛癣菌、同心性毛癣菌、许兰氏黄癣菌、奥杜盎氏小芽孢癣菌、铁锈色小芽孢癣菌、羊毛状小芽孢癣菌、腹股沟表皮癣菌、星形奴卡氏菌等多种致病性真菌有不同程度的抑制作用，并有解热作用；白鲜碱对家兔和豚鼠子宫平滑肌有强力的收缩作用，小剂量白鲜碱对离体蛙心有兴奋作用，对离体兔耳血管有明显的收缩作用；本品挥发油在体外有抗癌作用。脾胃虚寒者慎用。

三棵针

又名刺黄连、铜针刺。为小檗科植物细叶小檗或刺黑珠或匙叶小檗等同属多种植物的干燥根。细叶小檗：落叶灌木，高1~2米，老枝灰褐色，具光泽，幼枝紫褐色，密生黑色疣状突起，刺短小，通常单一，生于老枝或干枝条下端的刺有时3分叉，长4~9毫米。叶簇生；无柄；纸质；叶片狭倒披针形或披针状匙形，长1.5~4厘米，宽5~10毫米，先端急尖，基部楔形，全缘，上面鲜绿色，下面淡绿或灰绿色，具羽状脉。总状花序下垂，长3~6厘米，有花6~20朵；萼片6，花瓣状，排成2轮，长圆形或倒卵形；花黄色，外面带红色，直径6毫米，花瓣6，倒卵形，较萼片稍短；雄蕊6，长约1.5毫米；子房圆柱形，内含胚珠2粒，无花柱，柱头头状扁平，浆果长圆形，长约9毫米，熟时红色，种子倒卵形，表面光滑，紫黑色。花期5~6月，果期7~8月。刺黑珠：常绿灌木，高1~3米，茎圆柱形，节间长3~6厘米，幼枝带红色，老枝黄灰色或棕褐色，有时具稀疏而明显的疣点。刺坚硬，3分叉，长1~3厘米。单叶互生或3片簇生，几无柄，叶革质，叶片长圆状椭圆形或长圆状披针形，长4~10厘米，宽1~3厘米，先端急尖，有小尖刺，基部楔形，上面暗绿色，下面淡绿色或黄色，边缘具15~25个刺状小锯齿，齿距2.5~4毫米，叶脉网状密集。花3~10朵簇生，花梗长1~2厘米；小苞片披针形；萼片6，长圆形或卵形；花淡黄色，直径约1厘米，花瓣6，先端微凹，基部有2枚蜜腺；雄蕊6，长约4.5毫米，与花瓣对生；子房圆柱形，内有2~3粒胚珠，柱头头状扁平。浆果卵形至球形，蓝黑色，长6~7毫米，直径4~6毫米，柱头宿存，无花柱，无粉或微有粉。花期4~5月，果期6~7月。匙叶小檗：落叶灌木，高0.5~1.5米，枝条细瘦，具条棱，幼枝后期变紫红色，老枝暗灰色，散生黑色疣点。刺通常不分叉，坚硬，长1~3厘米。叶3~8片簇生，常为匙形或匙状倒披针形，长1~5厘米，宽0.3~1厘米，先端近急尖，有时具小尖头，基部渐狭成柄，通常全缘，稀具少数细锯齿。简单的总状花序，长2~4厘米，花密生，15~35朵，花梗长1.5~4毫米；苞片长圆形，稍短或与花梗等长。小苞片通常红色，长约1毫米，花瓣椭圆状倒卵形，先端微急尖，基部有2枚蜜腺；雄蕊6，长约1.5毫米；子房含1~2粒胚珠。浆

果球形，淡红色带紫色，被粉，长及径均为3.5～4.5毫米，柱头宿存，无花柱。花期5～6月，果期8～9月。细叶小檗生长于向阳的砂质丘陵、山坡、路旁或溪边。刺黑珠生于海拔1000～2000米的向阳山坡、荒地、路旁及山地灌丛中。匙叶小檗生于海拔300～800米的河滩、戈壁滩或山坡灌丛中。主产于西北及西南各省。春、秋二季采收，剥去外层粗皮，晒干。生用。苦，寒。有毒。归肝、胃、大肠经。清热燥湿，泻火解毒。用于湿热泻痢，黄疸，湿疹，咽痛目赤，耳流脓，痈肿疮毒。9～15克，煎服。外用：适量。本品主含小檗碱、小檗胺、巴马亭、药根碱、尖刺碱、异汉防己碱、木兰花碱等生物碱。本品有广谱抗菌作用，如对金黄色葡萄球菌、溶血性链球菌、肺炎球菌、痢疾杆菌、大肠杆菌、绿脓杆菌、变形杆菌以及钩端螺旋体等均有抑制作用。其所含巴马亭及药根碱还能强烈抑制白色念珠菌；小檗胺有抗肿瘤、升高白细胞、抑制血小板集聚和抗血栓形成、抗实验性心肌缺血与脑缺血、抗心律失常等作用；所含小檗碱、巴马亭、小檗胺、药根碱、尖刺碱及木兰花碱等均有降压作用；所含异汉防己碱具有明显的抗炎作用；药根碱有镇静作用；巴马亭还有兴奋子宫、松弛肌肉的作用。脾胃虚寒者慎用。

马尾连

　　又名草黄连、金丝黄连、马尾黄连。为毛茛科植物多叶唐松草和贝加尔唐松草等的根茎及根。全草亦可药用。多叶唐松草：多年生草本，高50~80厘米，有时可达1米以上，全体光滑无毛。根粗大，根茎横向生长，常木质化，褐色。茎直立，具纵纹。叶为3回3出羽状复叶，基部叶具柄，上部叶无柄，小叶具长柄；小叶卵形至近圆形，长1~3厘米，宽1~2厘米，略呈3裂，具疏圆齿，齿端具小尖头，基部圆形或浅心形。圆锥花序近伞房状，分枝极多，花序上具叶；苞片线形，长约2毫米，小苞片锥尖，小花柄纤细，长0.6~1.5厘米；花杂性，直径0.6~1厘米；萼片4，白色，浅黄色或浅紫色，椭圆形，具3条突起纵肋，早落，无花瓣；雄蕊12~15，花丝长3~4.5毫米，花药线形，长约3毫米，先端具小尖头；雌蕊4~6枚，花柱不显著，柱头细长而弯曲。瘦果纺锤形，稍扁，长约3毫米，纵肋8。花期8~10月。贝加尔唐松草：多年生草本，无毛。茎高50~120厘米。根茎短，长约2~6厘米，径5~12毫米，须根丛生。3回3出复叶；小叶宽倒卵形，宽菱形，有时宽心形，长1.8~4厘米，宽1.2~5厘米。3浅裂，裂片具粗牙齿，脉下面隆起；叶轴基部扩大呈耳状，抱茎，膜质，边缘分裂呈罐状。复单歧聚伞花序近圆锥状，长5~10厘米；花直径约6毫米；萼片椭圆形或卵形，长2~3毫米；无花瓣；雄蕊10~20，花丝倒披针状条形；心皮3~5，柱头近球形。瘦果

具短柄，圆球状倒卵形，两面膨胀，长2.5～3毫米；果皮暗褐色，木质化。多叶唐松草生于山林、山沟或山路边。分布在四川、云南、西藏等地。贝加尔唐松草生于山地林下或湿润草坡。分布在甘肃、青海、陕西、河南、山西、河北、内蒙古和东北。秋、冬二季采挖，洗净，切段，干燥。生用，或鲜用。苦，寒。归心、肺、肝、胆、大肠经。清热燥湿，泻火解毒。6～12克，煎服。全草15～30克。本品含唐松草碱、小檗胺、小檗碱、掌叶防己碱、药根碱等。其地上部分含生物碱、黄酮苷、皂苷、强心苷、维生素C等。本品水煎剂对白喉杆菌、金黄色葡萄球菌、变形杆菌、福氏痢疾杆菌均有抑制作用；其所含非替定碱有降压作用；本品有乙酰胆碱样作用，有利胆、抗肿瘤、升高白细胞、解热、利尿、镇静等作用。脾胃虚寒者慎服。

苦豆子

又名布亚。为豆科植物苦豆子的干燥全草及种子。灌木，枝多成帚状，密被灰色伏绢状毛。叶互生，单数羽状复叶；小叶15～25，灰绿色，矩形，长1.5～2.5厘米，两面被绢毛，顶端小叶较小；托叶小，钻形，宿存。总状花序顶生，长12～15厘米；花密生；萼密被灰绢毛，顶端有短三角状萼齿；花冠蝶形，黄色。荚果串珠状，长3～7

厘米，密被细绢状毛，种子淡黄色，卵形。生长于田边、路旁、草地及河边。产于新疆、西藏、内蒙古等地。全草夏季采收，种子春季采收，干燥。全草生用，种子炒用。苦，寒。有毒。归胃、大肠经。清热燥湿，止痛，杀虫。1.5～3克，全草煎汤服，种子炒用，研末服，每次5粒。本品主含槐果碱、苦参碱、槐胺碱、槐定碱、苦豆碱、氧化槐果碱、氧化苦参碱等15种以上生物碱。从全草中提取的苦豆子总生物碱有抗炎、抗癌、抗变态反应、抗心律失常、抗溃疡、升高白细胞、平喘、解热、杀虫、镇静、镇痛、抗病毒等作用；苦豆子散剂外用对葡萄球菌、大肠杆菌、链球菌、真菌、加德纳氏菌及滴虫有抑制或杀灭作用；所含苦参碱对纤维蛋白、纤维蛋白原降解产物有抑制作用，此作用在动脉粥样硬化防治中有一定的意义；其所含氧化苦参碱能明显增加正常蟾蜍心肌收缩力、心输出量，在强心的同时不增加心率。本品有毒，内服用量不宜过大。

金银花

又名银花、双花、二宝花、忍冬花、金银藤。为忍冬科植物忍冬、红腺忍冬、山银花或毛花柱忍冬的干燥花蕾或带初开的花。为半常绿缠绕性藤本，全株密被短柔毛。叶对生，卵圆形至长卵形，常绿。花成对腋生，花冠2唇形，初开时呈白色，二三日后转变为黄色，所以称为金银花，外被柔毛及腺毛。浆果球形，成熟时呈黑色。花蕾呈棒状略弯曲，长1.5～3.5厘米，表面黄色至浅黄棕色，被短柔毛，花冠筒状，稍开裂，内有雄蕊5枚，雌蕊1枚。生长于路

旁、山坡灌木丛或疏林中。全国大部分地区有分布。夏初花开放前采收，干燥。甘，寒。归肺、心、胃经。清热解毒，疏散风热。用于痈肿疔疮，喉痹，丹毒，热毒血痢，风热感冒，温病发热。6～15克，煎服。疏散风热、清泄里热以生品为佳；炒炭宜用于热毒血痢；露剂多用于暑热烦渴。本品含有挥发油、木樨草素、肌醇、黄酮类、肌醇、皂苷、鞣质等。分离出的绿原酸和异绿原酸是本品抗菌的主要成分。本品具有广谱抗菌作用，对金黄色葡萄球菌、痢疾杆菌等致病菌有较强的抑制作用，对钩端

螺旋体、流感病毒及致病霉菌等多种病原微生物亦有抑制作用；金银花煎剂能促进白细胞的吞噬作用；有明显的抗炎及解热作用。本品有一定降低胆固醇作用。其水及酒浸液对S180肉瘤及艾氏腹水瘤有明显的细胞毒作用。此外大量口服对实验性胃溃疡有预防作用。对中枢神经有一定的兴奋作用。脾胃虚寒及气虚疮疡脓清者忌用。

连翘

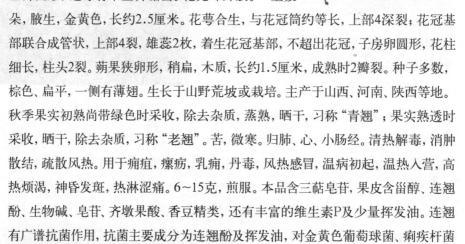

又名空壳、落翘、空翘、旱莲子、黄花条。为木樨科植物连翘的干燥果实。落叶灌木，高2~3米。茎丛生，小枝通常下垂，褐色，略呈四棱状，皮孔明显，中空。单叶对生或3小叶丛生，卵形或长圆状卵形，长3~10厘米，宽2~4厘米，无毛，先端锐尖或钝，基部圆形，边缘有不整齐锯齿。花先叶开放。一至数朵，腋生，金黄色，长约2.5厘米。花萼合生，与花冠筒约等长，上部4深裂；花冠基部联合成管状，上部4裂，雄蕊2枚，着生花冠基部，不超出花冠，子房卵圆形，花柱细长，柱头2裂。蒴果狭卵形，稍扁，木质，长约1.5厘米，成熟时2瓣裂。种子多数，棕色、扁平，一侧有薄翅。生长于山野荒坡或栽培。主产于山西、河南、陕西等地。秋季果实初熟尚带绿色时采收，除去杂质，蒸熟，晒干，习称"青翘"；果实熟透时采收，晒干，除去杂质，习称"老翘"。苦，微寒。归肺、心、小肠经。清热解毒，消肿散结，疏散风热。用于痈疽，瘰疬，乳痈，丹毒，风热感冒，温病初起，温热入营，高热烦渴，神昏发斑，热淋涩痛。6~15克，煎服。本品含三萜皂苷，果皮含甾醇、连翘酚、生物碱、皂苷、齐墩果酸、香豆精类，还有丰富的维生素P及少量挥发油。连翘有广谱抗菌作用，抗菌主要成分为连翘酚及挥发油，对金黄色葡萄球菌、痢疾杆菌

有很强的抑制作用，对其他致病菌、流感病毒以及钩端螺旋体也均有一定的抑制作用；本品有抗炎、解热作用。所含齐墩果酸有强心、利尿及降血压作用；所含维生素P可降低血管通透性及脆性，防止溶血。其煎剂有镇吐和抗肝损伤作用。脾胃虚寒及气虚脓清者不宜用。

穿心莲

又名榄核莲、一见喜、苦胆草、斩蛇剑、四方莲。为爵床科植物穿心莲的干燥地上部分。一年生草本，全体无毛。茎多分枝，且对生，方形。叶对生，长椭圆形。圆锥花序顶生和腋生，有多数小花，花淡紫色，花冠2唇形，上唇2裂，有紫色斑点，下唇深3裂，蒴果长椭圆形至线形，种子多数。生长于湿热的丘陵、平原地区。主要栽培于广东、广西、福建等地。秋初茎叶茂盛时采割，晒干。苦，寒。归心、肺、大肠、膀胱经。清热解毒，凉血，消肿。用于感冒发热，咽喉肿痛，口舌生疮，顿咳劳嗽，泄泻痢疾，热淋涩痛，痈肿疮疡，毒蛇咬伤。6～9克，煎服。煎剂易致呕吐，故多作丸、散、片剂。外用：适量。本品叶含穿心莲内酯、去氧穿心莲内酯、新穿心莲内酯、穿心莲烷、穿心莲酮、穿心莲甾醇等，根还含多种黄酮类成分。穿心莲煎剂对金黄色葡萄球菌、绿脓杆菌、变形杆菌、肺炎双球菌、溶血性链球菌、痢疾杆菌、伤寒杆菌均有不同程度的抑制作用；有增强人体白细胞对细菌的吞噬能力；有解热，抗炎，抗肿瘤，利胆保肝，抗蛇毒及毒蕈碱样作用；并有终止妊娠等作用。不宜多服久服；脾胃虚寒者不宜用。

大青叶

又名蓝菜、蓝叶、大青、靛青叶、菘蓝叶、板蓝根叶。为十字花科植物菘蓝的干燥叶片。两年生草本，茎高40～90厘米，稍带粉霜。基生叶较大，具柄，叶片长椭圆形，茎生叶披针形，互生，无柄，先端钝尖，基部箭形，半抱茎。花序复总状；花小，黄色短角果长圆形，扁平有翅，下垂，紫色；种子一枚，椭圆形，褐色。生长于山地林缘较潮湿的地方。野生或栽培。主产于河北、陕西、河南、江苏、安徽等地。夏、秋二季分2～3次采收，除去杂质，晒干，切碎，生用。苦、寒。归心、胃经。清热解毒，凉血消斑。用于温病高热，神昏，发斑发疹，痄腮，喉痹，丹毒，痈肿。9～15克，煎服。鲜品30～60克。外用：适量。菘蓝叶含色氨酸、靛玉红B、葡萄糖芸苔素、新葡萄糖芸苔素、葡萄糖芸苔素-1-磺酸盐及靛蓝。菘蓝叶对金黄色葡萄球菌、溶血性链球菌均有一定抑制作用；大青叶对乙肝表面抗原以及流感病毒亚甲型均有抑制作用。靛玉红有显著的抗白血病作用。脾胃虚寒者忌用。

板蓝根

又名靛青根、蓝靛根、菘蓝根、大蓝根、北板蓝根。为十字花科植物菘蓝的干燥根。两年生草本，茎高40~90厘米，稍带粉霜。基生叶较大，具柄，叶片长椭圆形，茎生叶披针形，互生，无柄，先端钝尖，基部箭形，半抱茎。花序复总状；花小，黄色短角果长圆形，扁平有翅，下垂，紫色；种子一枚，椭圆形，褐色。生长于山地林缘较潮湿的地方。野生或栽培。主产于河北、陕西、河南、江

苏、安徽等地。秋季采挖，除去泥沙，晒干。苦，寒。归心、胃经。清热解毒，凉血利咽。用于温疫时毒，发热咽痛，温毒发斑，痄腮，烂喉丹痧，大头瘟疫，丹毒，痈肿。9~15克，煎服。菘蓝根含靛蓝、靛玉红、β-谷甾醇、棕榈酸、尿苷、次黄嘌呤、尿嘧啶、青黛酮和胡萝卜苷等。本品对多种革兰阳性菌、革兰阴性菌及流感病毒、虫媒病毒、腮腺病毒均有抑制作用；可增强免疫功能；有明显的解热效果。本品所含靛玉红有显著的抗白血病作用；板蓝根多糖能降低实验动物血清胆固醇和甘油三酯的含量，并降低MDA含量，从而证明本品有抗氧化作用。不良反应：有报道板蓝根口服可引起消化系统症状，或引起溶血反应；其注射液可致过敏反应，如引起荨麻疹、多形性红斑、过敏性皮炎、多发性肉芽肿以及过敏性休克等，应引起注意。体虚而无实火热毒者忌服，脾胃虚寒者慎用。

青黛

又名花露、淀花、靛花、蓝靛、青蛤粉、青缸花。为爵床科植物马蓝、蓼科植物蓼蓝或十字花科植物菘蓝的叶或茎叶经加工制得的干燥粉末或团块。马蓝：多年生草本，高达1米。根茎粗壮。茎基部稍木质化，略带方形，节膨大。单叶对生，叶片卵状椭圆形，长15~16厘米，先端尖，基部渐狭而下延。穗状花序马蓝顶生或腋生；苞片叶状；花冠漏斗状，淡紫色；裂片5；雄蕊4；子房上半部被毛，花柱细长。蒴果匙形，无毛。种子卵形，褐色，有细毛。蓼蓝：一年生草本，高50~80厘米。须根细，多数。茎圆柱形，具显明的节，单叶互生；叶柄长5~10毫米；基部有鞘状膜质托叶，边缘有毛；叶片椭圆形或卵圆形，长2~8厘米，宽1.5~5.5厘米，先端钝，基部下延，全缘，干后两面均蓝绿色。穗状花序，顶生或腋生；总花梗长4~8厘米；苞片有纤毛；花小，红色，花被5裂，裂片卵圆形；雄蕊6~8，着生于花被基部，药黄色，卵圆形；雌蕊1，花柱不伸出，柱头3歧。瘦果，具3棱，褐色，有光泽。花期7月，果期8~9月。菘蓝：二年生草本。茎直立，上部多分枝。叶互生，基生叶具柄，叶片长圆状椭圆形，全缘或波状；茎生叶长圆形或长圆状披针形，先端钝或尖，基部垂耳圆形，抱茎，全缘。复总状花序顶生，花黄色，萼片4，花瓣4；雄蕊6，四强。长角果矩圆形，扁平，边缘翅状。生长于路旁、山坡、草丛及林边潮湿处。主产于福建、广东、江苏、河北、云南等地。夏、秋二季当植物的叶生长茂盛时，割取茎叶，置大缸或木桶中。加入清水，浸泡2~3昼夜，至叶腐烂、茎脱皮时，捞去茎枝叶渣，每100千克茎叶加石灰8~10千克，充分搅拌，待浸液由乌绿色转变为紫红色时，捞取液面泡沫状物，晒干。咸，寒。归肝经。清热解毒，凉血消斑，泻火定惊。用于温毒发斑，血热吐衄，胸痛咳血，口疮，痄腮，喉痹，小儿惊痫。1~3克，内服。本品难溶于水，一般作散剂冲服，或入丸剂服用。外用：适量。本品含靛蓝、靛玉红靛棕、靛黄、鞣酸、β-谷甾醇、蛋白质和大量无机盐。本品具有抗癌作用，其有效成分靛玉红对动物移植性肿瘤有中等强度的抑制作用。对金黄色葡萄球菌、炭疽杆菌、志贺氏痢疾杆菌、霍乱弧菌均有抗菌作用。靛蓝尚有一定的保肝作用。胃寒者慎用。

贯众

又名黄钟、贯节、渠母、贯渠、药渠、绵马贯众。为鳞毛蕨科植物粗茎鳞毛蕨的带叶柄基部的干燥根茎。多年生草本。地下茎粗大，有许多叶柄残基及须根，密被锈色或深褐色大形鳞片。叶簇生于根茎顶端，具长柄。叶片广倒披针形，最宽在上部1/3处，长40~80厘米，宽16~28厘米，二回羽状全列或浅裂，羽片无柄，线状披针形，先端渐尖，羽片再深裂，小裂片多数，密接，矩圆形，圆头，叶脉开放。孢子囊群圆形，着生于叶背近顶端1/3的部分，每片有2~4对，近中肋下部着生；囊群盖圆肾形，直径1毫米，棕色。根茎呈长圆锥形，上端钝圆或截形，下端较尖，略弯曲。长约10~20厘米，粗5~8厘米。生长于山阴近水处。主产于辽宁、吉林、黑龙江等地。秋季采挖，削去叶柄，须根，除去泥沙，晒干。苦，微寒。有小毒。归肝、胃经。清热解毒，驱虫。用于虫积腹痛，疮疡。4.5~9克，煎服。杀虫及清热解毒宜生用；止血宜炒炭用。外用：适量。本品主要含绵马素、三叉蕨酚、黄三叉蕨酸、绵马次酸、挥发油、绵马鞣质等。本品所含绵马酸、黄绵马酸有较强的驱虫作用，对绦虫有强烈毒性，可使绦虫麻痹而排出，也有驱除钩虫、蛔虫等寄生虫的作用。实验证明本品可强烈抑制流感病毒，对腺病毒、脊髓灰质炎病毒、乙脑病毒等亦有较强的抗病毒作用。外用有止血、镇痛、消炎作用。其煎剂及提取物对家兔子宫有显著的兴奋作用。绵马素有毒，能麻痹随意肌，对胃肠道有刺激，引起视网膜血管痉挛及伤害视神经，中毒时引起中枢神经系统障碍，见震颤、惊厥乃至延脑麻痹。绵马素一般在肠道不吸收，但肠中有过多脂肪时，可促进吸收而致中毒。本品有小毒，用量不宜过大；服用本品时忌油腻；脾胃虚寒者及孕妇慎用。

蒲公英

　　又名黄花草、婆婆丁、蒲公丁、蒲公草、黄花地丁。为菊科植物蒲公英、碱地蒲公英或同属数种植物的干燥全草。多年生草本，富含白色乳汁；直根深长。叶基生，叶片倒披针形，边缘有倒向不规则的羽状缺刻。头状花序单生花茎顶端，全为舌状花；总苞片多层，先端均有角状突起；花黄色，雄蕊5枚，雌蕊1枚，子房下位。瘦果纺锤形，具纵棱，全体被有刺状或瘤状突起，顶端具纤细的喙，冠毛白色。生长于道旁、荒地、庭园等处。全国大部分地区均产，主产于山西、河北、山东及东北等地。春至秋季花初开时采挖，除去杂质，洗净，晒干。苦、甘，寒。归肝、胃经。清热解毒，消肿散结，利尿通淋。用于疔疮肿毒，乳痈，瘰疬，目赤，咽痛，肺痈，肠痈，湿热黄疸，热淋涩痛。10～15克，煎服。外用：鲜品适量，捣敷或煎汤熏洗患处。本品含蒲公英固醇、蒲公英素、蒲公英苦素、肌醇和莴苣醇、蒲公英赛醇、咖啡酸及树脂等。本品煎剂或浸剂，对金黄色葡萄球菌、溶血性链球菌及卡他球菌有较强的抑制作用，对肺炎双球菌、脑膜炎双球菌、白喉杆菌、福氏痢疾杆菌、绿脓杆菌及钩端螺旋体等也有一定的抑制作用，和TMP（磺胺增效剂）之间有增效作用。尚有利胆、保肝、抗内毒素及利尿作用，其利胆效果较茵陈煎剂更为显著。蒲公英地上部分水提取物能活化巨噬细胞，有抗肿瘤作用。体外实验提示本品能激发机体的免疫功能。用量过大可致缓泻。

紫花地丁

又名地丁、地丁草、紫地丁、堇堇草。为堇菜科植物紫花地丁的干燥全草。多年生草本，全株具短白毛、主根较粗。叶基生，狭叶披针形或卵状披针形，顶端圆或钝，稍下延于叶柄成翅状，边缘具浅圆齿，托叶膜质。花两侧对称，具长梗，卵状披针形，基部附器矩形或半圆形，顶端截形、圆形或有小齿。蒴果椭圆形，熟时3裂。生长于路旁、田埂和圃地中。主产于江苏、浙江及东北等地。春、秋二季采收，除去杂质，晒干。苦、辛，寒。归心、肝经。清热解毒，凉血消肿。用于疔疮肿毒，痈疽发背，丹毒，毒蛇咬伤。15～30克，煎服。外用：鲜品适量，捣烂敷患处。本品含苷类、黄酮类。全草含棕榈酸、反式对羟基桂皮酸、丁二酸、二十四酰对羟基苯乙胺、山奈酚-3-O-鼠李吡喃糖苷和蜡，蜡中含饱和酸、不饱和酸、醇类及烃。本品有明显的抗菌作用。对结核杆菌、痢疾杆菌、金黄色葡萄球菌、肺炎球菌、皮肤真菌及钩端螺旋体有抑制作用。有确切的抗病毒作用。实验证明，其提取液对内毒素有直接摧毁作用。本品尚有解热、消炎、消肿等作用。体质虚寒者忌服。

野菊花

　　又名苦薏、甘菊花、黄菊花、路边菊、山菊花、千层菊。为菊科植物野菊的干燥头状花序。多年生草本。根茎粗厚，分枝，有长或短的地下匍匐枝。茎直立或基部铺展。茎生叶卵形或长圆状卵形，羽状分裂或分裂不明显；顶裂片大；侧裂片常2对，卵形或长圆形，全部裂片边缘浅裂或有锯齿。头状花序，在茎枝顶端排成伞房状圆锥花序或不规则的伞房花序；舌状花黄色。生长于山坡、路旁、原野。全国大部分地区有分布。秋、冬二季花初开放时采摘，晒干，或蒸后晒干。苦、辛，微寒。归肝、心经。清热解毒，泻火平肝。用于疔疮痈肿，目赤肿痛，头痛眩晕。9~15克。外用：适量，煎汤外洗或制膏外涂。本品含刺槐素-7-鼠李糖葡萄糖苷、野菊花内脂、苦味素、挥发油、维生素A及维生素B_1等。有抗病原微生物作用，对金黄色葡萄球菌、白喉杆菌、痢疾杆菌、流感病毒、疱疹病毒以及钩端螺旋体均有抑制作用。研究表明野菊花有显著的抗炎作用，但其所含抗炎成分及机理不同，其挥发油对化学性致炎因子引起的炎症作用强，而其水提取物则对异性蛋白致炎因子引起的炎症作用较好。此外，尚有明显的降血压作用。脾胃虚寒者、孕妇慎用。

重楼

又名蚤休、滇重楼、草河车、独脚莲、七叶一枝花。为百合科植物云南重楼或七叶一枝花的干燥根茎。多年生草本。叶6～10片轮生，叶柄长5～20毫米，叶片厚纸质，披针形、卵状长圆形至倒卵形，长5～11厘米，宽2～4.5厘米。花梗从茎顶抽出，顶生一花；花两性，萼片披针形或长卵形，绿色，长3.5～6厘米；花被片线形而略带披针形，黄色，长为萼片的1/2左右至近等长，中部以上宽2～6毫米；雄蕊8～10，花药长1～1.5厘米，花丝比药短，药隔突出部分1～2毫米。花期6～7月，果期9～10月。生长于林下阴湿处。我国分布甚广，南北均有，主产长江流域及南方各省市。秋末冬初采挖，除去须根，洗净晒干，切片，生用。苦，微寒。有小毒。归肝经。清热解毒，消肿止痛，凉肝定惊。用于疔疮痈肿，咽喉肿痛，毒蛇咬伤，跌仆伤痛，惊风抽搐。3～9克，煎服。外用：适量，捣敷或研末调涂患处。本品含蚤休苷、薯蓣皂苷、单宁酸及18种氨基酸、肌酸酐、生物碱、黄酮、甾酮、蜕皮激素、胡萝卜苷等。蚤休有广谱抗菌作用，对痢疾杆菌、伤寒杆菌、大肠杆菌、肠炎杆菌、绿脓杆菌、金黄色葡萄球菌、溶血性链球菌、脑膜炎双球菌等均有不同程度的抑制作用，尤其对化脓性球菌的抑制作用优于黄连；对亚洲甲型流感病毒有较强的抑制作用；所含甾体皂苷和氨基酸有抗蛇毒作用。蚤休苷有镇静、镇痛作用。本品的水煎剂或乙醇提取物有明显的镇咳、平喘作用。蚤休粉有明显的止血作用。此外，还有抗肿瘤作用。体虚、无实火热毒者、孕妇及患阴证疮疡者均忌服。

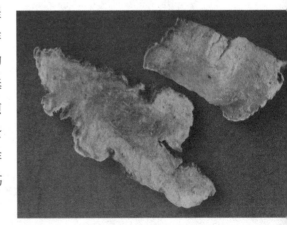

拳参

　　又名石蚕、紫参、牡参、刀枪药、红三七、活血莲。为蓼科植物拳参的干燥根茎。多年生草本，高35~85厘米。根茎服厚，黑褐色。茎单一，无毛，具纵沟纹。基生叶有长柄，叶片长圆披针形或披针形，长10~20厘米，宽2~5厘米，叶基圆钝或截形，沿叶柄下延成窄翅，茎生叶互生，向上柄渐短至抱茎。托叶鞘筒状，膜质。总状花序成穗状圆柱形顶生。花小密集，淡红色或白色。瘦果椭圆形，棕褐色，有三棱，稍有光泽。根茎呈扁圆柱形，常弯曲成虾状。长1~1.5厘米，直径1~2.5厘米，两端圆钝或稍细。生长于草丛、阴湿山坡或林间草甸中。主产于华北、西北、山东、江苏、湖

北等地。春初发芽时或秋季茎叶将枯萎时采挖，除去泥沙，晒干，去须根。苦、涩，微寒。归肺、肝、大肠经。清热解毒，消肿，止血。用于赤痢热泻，肺热咳嗽，痈肿瘰疬，口舌生疮，血热吐衄，痔疮出血，毒蛇咬伤。5～10克，煎服。外用：适量。拳参根茎含鞣质、淀粉、糖类及果酸、树胶、黏液质、蒽醌衍生物、树脂等。鞣质中有可水解鞣质和缩合鞣质，尚含有没食子酸、鞣花酸。另含β-谷甾醇的异构体和葡萄糖等。拳参提取物对金黄色葡萄球菌、绿脓杆菌、枯草杆菌、大肠杆菌、痢疾杆菌、脑膜炎双球菌、溶血性链球菌等均有抑制作用。并能抑制动物移植性肿瘤的生长。外用有一定的止血作用。无实火热毒者不宜使用，阴证疮疡患者忌服。

漏芦

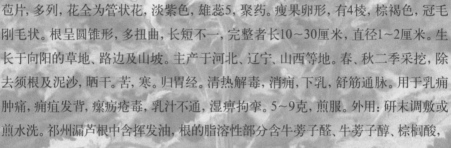

　　又名野兰、毛头、大头翁、鬼油麻、大花蓟、龙葱根。为菊科植物祁州漏芦的干燥根。多年生草本，高30~80厘米，全体密被白色柔毛。主根粗大，上部密被残存叶柄。基生叶丛生；茎生叶互生。叶长椭圆形，长10~20厘米，羽状全裂至深裂，裂片矩圆形，边缘具不规则浅裂，两面密被白色茸毛。头状花序，总苞多列，具干膜质苞片，多列，花全为管状花，淡紫色，雄蕊5，聚药。瘦果卵形，有4棱，棕褐色，冠毛刚毛状。根呈圆锥形，多扭曲，长短不一，完整者长10~30厘米，直径1~2厘米。生长于向阳的草地、路边及山坡。主产于河北、辽宁、山西等地。春、秋二季采挖，除去须根及泥沙，晒干。苦，寒。归胃经。清热解毒，消痈，下乳，舒筋通脉。用于乳痈肿痛、痈疽发背、瘰疬疮毒、乳汁不通、湿痹拘挛。5~9克，煎服。外用：研末调敷或煎水洗。祁州漏芦根中含挥发油，根的脂溶性部分含牛蒡子醛、牛蒡子醇、棕榈酸、β-谷甾醇、硬脂酸乙酯、蜕皮甾酮、土克甾酮、漏芦甾酮。祁州漏芦水煎剂，在体内

外实验均能抑制动物血清及肝、脑等脏器过氧化脂质的生成，故有显著的抗氧化作用；并可降低血胆固醇和血浆过氧化脂质（LPO）含量，能恢复前列环素/血栓素A2的平衡，减少白细胞在动脉壁的浸润，抑制平滑肌细胞增生，具有抗动脉粥样硬化的作用；其乙醇提取物及水提取物均能显著增强小鼠血浆中超氧化物歧化酶（SOD）的活性；能显著抑制单胺氧化酶（MAO-B）的活性，具有明显的抗衰老作用。漏芦蜕皮甾醇，能显著增强巨噬细胞的吞噬作用，提高细胞的免疫功能。气虚、疮疡平塌者及孕妇忌服。

土茯苓

　　又名过山龙、土太片、地茯苓、山地栗、冷饭团。为百合科植物光叶菝葜的干燥根茎。多年生常绿攀缘状灌木，茎无刺。单叶互生，薄革质，长圆形至椭圆状披针形，先端渐尖，全缘，表面通常绿色，有时略有白粉，有卷须。花单性异株，腋生伞形花序；花被白色或黄绿色。浆果球形，红色，外被白粉。生长于林下或山坡。主产于广东、湖南、湖北、浙江、四川、安徽等地。夏、秋二季采挖，除去须根。洗净，干燥；或趁鲜切成薄片，干燥。甘、淡，平。归肝、胃经。解毒，除湿，通利关节。用于梅毒及汞中毒所致的肢体拘挛，筋骨疼痛；湿热淋浊，带下，痈肿，瘰疬，疥癣。15～60克，煎服。外用：适量。本品含落新妇苷、异黄杞苷、胡萝卜苷、3, 5, 4'-三羟基芪、表儿茶精L、琥珀酸、β-谷甾醇等皂苷、鞣质、黄酮、树脂类等，还含有挥发油、多糖、淀粉等。本品所含落新妇苷有明显的利尿、镇痛作用。对金黄色葡萄球菌、溶血性链球菌、大肠杆菌、绿脓杆菌、伤寒杆菌、福氏痢疾杆菌、白喉杆菌和炭疽杆菌均有抑制作用。对大鼠肝癌及移植性肿瘤有一定抑制作用。经动物试验推断：本品可通过影响T淋巴细胞释放淋巴因子的炎症过程而选择性地抑制细胞免疫反应。此外尚能缓解汞中毒；明显拮抗棉酚毒性。肝肾阴虚者慎服。服药时忌茶。

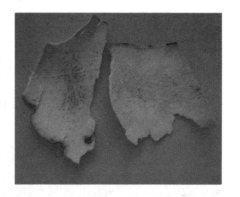

鱼腥草

　　又名蒆菜、蒆子、紫蒆、臭猪巢、折耳根、九节莲。为三白草科植物蕺菜的干燥地上部分。多年生草本，高15～60厘米，具腥臭气；茎下部伏地，节上生根，上部直立，无毛或被疏毛。单叶互生，叶片心脏形，全缘，暗绿色，上面密生腺点，背面带紫色，叶柄长1～3厘米；托叶膜质条形，下部与叶柄合生成鞘状。穗状花序生于茎上端与叶对生；基部有白色花瓣状总苞片4枚；花小而密集，无花被。蒴果卵圆形，顶端开裂，种子多数。生长于沟边、溪边及潮湿的疏林下。主产于陕西、甘肃及长江流域以南各地。鲜品全年均可采割；干品夏季茎叶茂盛花穗多时采割，除去杂质，晒干。辛，微寒。归肺经。清热解毒，消痈排脓，利尿通淋。用于肺痈吐脓，痰热喘咳，热痢，热淋，痈肿疮毒。15～25克，不宜久煎；鲜品用量加倍，水煎或捣汁服。外用：适量，捣敷或煎汤熏洗患处。本品含鱼腥草素、挥发油、蕺菜碱、槲皮苷、氯化钾等。鱼腥草素对金黄色葡萄球菌、肺炎双球菌、甲型链球菌、流感杆菌、卡他球菌、伤寒杆菌以及结核杆菌等多种革兰阳性及阴性细菌，均有不同程度的抑制作用；其

用乙醚提取的非挥发物，还有抗病毒作用。本品能增强白细胞吞噬能力，提高机体免疫力，并有抗炎作用。所含槲皮素及钾盐能扩张肾动脉，增加肾动脉血流量，因而有较强的利尿作用。此外，还有镇痛、止血、促进组织再生和伤口愈合以及镇咳等作用。本品含挥发油，不宜久煎。虚寒证及阴证疮疡者忌服。

金荞麦

又名苦荞麦、天荞麦、野荞麦。为蓼科植物金荞麦的干燥根茎。多年生宿根草本，高0.5～1.5米。主根粗大，呈结节状，横走，红棕色。茎直立，多分枝，具棱槽，淡绿微带红色，全株微被白色柔毛。单叶互生，具柄，柄上有白色短柔毛；叶片为戟状三角形，长宽约相等，但顶部叶长大于宽，一般长4～10厘米，宽4～9厘

米，先端长渐尖或尾尖状，基部心状戟形，顶端叶狭窄，无柄抱茎，全线成微波状，下面脉上有白色细柔毛；托叶鞘抱茎。秋季开白色小花，为顶生或腋生、稍有分枝的聚伞花序；花被片5，雄蕊8，2轮；雌蕊1，花柱3。瘦果呈卵状三棱形，红棕色。花期7～8月，果期10月。生长于山坡、旷野、路边及溪沟较阴湿处。主产于长江流域以南各地。冬季采挖，除去茎及须根，洗净，晒干。微辛、涩，凉。归肺经。清热解毒，排脓祛瘀。用于肺痈吐脓，肺热喘咳，乳蛾肿痛。15～45克，煎服。用水或黄酒隔水密闭炖服。根茎含香豆酸、阿魏酸等。有祛痰、解热、抗炎、抗肿瘤等作用。体外实验虽无明显抗菌作用，但对金黄色葡萄球菌的凝固酶、溶血素及绿脓杆菌内毒素有对抗作用。

大血藤

又名红藤、血通、红皮藤、千年健、红血藤、血木通。为木通科植物大血藤的干燥藤茎。落叶木质藤本，长达10米。叶互生；三出复叶，中央小叶有柄，叶片菱状倒卵形至椭圆形，两侧小叶几无柄，比中央小叶大，斜卵形。总状花序腋生，下垂；花单性，雌雄异株；萼片与花瓣均6片，绿黄色；雄花有雄蕊6枚，与花瓣对生；雌花有退化雄蕊6个，心皮多数，离生，螺旋状排列于球形的花柱上。浆果，成熟时蓝黑色。生长于溪边、山坡疏林等地；有栽培。主产于湖北、四川、江西、河南、江苏等地。秋、冬二季采收，除去侧枝，截段，干燥。苦，平。归大肠、肝经。清热解毒，活血，祛风止痛。用于肠痈腹痛，热毒疮疡，经闭，痛经，跌仆肿痛，风湿痹痛。9～15克，煎服。外用：适量。本品含大黄素、大黄素甲醚、β-谷甾醇、胡萝卜苷、硬脂酸、毛柳苷、右旋丁香树脂酚二葡萄糖苷、右旋二氢愈创木脂酸、大黄酚、香草酸以及对香豆酸-对羟基苯乙醇酯和红藤多糖、鞣质。本品煎剂对金黄色葡萄球菌及乙型链球菌均有较强的抑制作用，对大肠杆菌、白色葡萄球菌、卡他球菌、甲型链球菌及绿脓杆菌，亦有一定的抑制作用。本品水溶提取物能抑制血小板聚集，增加冠状动脉流量，抑制血栓形成，提高血浆cAMP水平，提高实验动物耐缺氧能力，扩张冠状动脉，缩小心肌梗死范围。孕妇慎服。

败酱草

又名败酱、鹿肠、苦菜、苦猪菜、龙芽败酱。为败酱科多年生草本植物黄花败酱、白花败酱的干燥全草。黄花败酱：为多年生草木，高60~150厘米。地下茎细长，横走，有特殊臭气；茎枝被脱落性白粗毛。基生叶成丛，有长柄；茎生叶对生，叶片披针形或窄卵形，长5~15厘米，2~3对羽状深裂，中央裂片最大。椭圆形或卵形，两侧裂片窄椭圆形至条形，两面疏被粗毛或近无毛。聚伞圆锥花序伞房状；苞片小；花小，黄色，花萼不明显；花冠筒短，5裂；雄蕊4；子房下位，瘦果椭圆形，有3棱，无膜质翅状苞片。白花败酱：与上种主要区别是茎具倒生白色长毛，叶不裂成3裂；花白色；直径4~5毫米。果实有膜质翅状苞片。黄花败酱：长50~100厘米。根茎圆柱形，多向一侧弯曲，有节，节间长不超过2厘米，节上有细根。茎圆柱形，直径0.2~0.8厘米，黄绿色至黄棕色，节明显，常有倒生粗毛。质脆，断面中部有髓，或呈小空洞。叶对生，叶片薄，多卷缩或破碎，完整者展平后呈羽状深裂至全裂，裂片边缘有粗锯齿，绿色或黄棕色；叶柄短或近无柄；茎

上部叶较小，常3裂，裂片狭长。有的枝端带有伞房状聚伞圆锥花序。白花败酱：根茎节间长3~6厘米。着生数条粗壮的根。茎不分枝，有倒生的白色长毛及纵沟纹，断面中空。茎生叶多不分裂，叶柄长1~4厘米，有翼。生长于山坡草地、路旁。全国各地均有分布。秋季采收，洗净，阴干，切段。辛、苦，微寒。归胃、大肠、肝经。清热解毒，消痈排脓，祛瘀止痛。6~15克，煎服。外用：适量。黄花败酱根和根茎含齐墩果酸，常春藤皂苷元、黄花龙芽苷、胡萝卜苷及多种皂苷；含挥发油，其中以败酱烯和异败酱烯含量最高；亦含生物碱、鞣质等。白花败酱含有挥发油，干燥果枝含黑

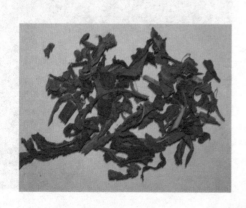

芥子苷等；根和根茎中含莫罗念冬苷、番木鳖苷、白花败酱苷等。黄花败酱草对金黄色葡萄球菌、痢疾杆菌、伤寒杆菌、绿脓杆菌、大肠杆菌有抑制作用；并有抗肝炎病毒作用，能促进肝细胞再生，防止肝细胞变性，改善肝功能。尚有抗肿瘤作用。其乙醇浸膏或挥发油均有明显镇静作用。脾胃虚弱、食少泄泻者忌服。

射干

又名寸干、鬼扇、乌扇、乌蒲、野萱花、山蒲扇、金蝴蝶。为鸢尾科植物射干的干燥根茎。多年生草本，高50～120厘米，根茎横走，呈结节状。叶剑形，扁平，嵌迭状排成两列，叶长25～60厘米，宽2～4厘米。伞房花序，顶生，总花梗和小花梗基部具膜质苞片，花橘红色，散生暗色斑点，花被片6，雄蕊3枚，子房下位，柱头3浅裂。蒴果倒卵圆形，种子黑色。根茎呈不规则结节状，有分枝，长3～10厘米，直径1～2厘米。生长于林下或山坡。主产于湖北、河南、江苏、安徽等地。春初刚发芽或秋末茎叶枯萎时采挖，除去须根及泥沙，干燥。苦，寒。归肺经。清热解毒，消痰，利咽。用于热毒痰火郁结，咽喉肿痛，痰涎壅盛，咳嗽气喘。3～10克，煎服。本品含射干定、鸢尾苷、鸢尾黄酮苷、鸢尾黄酮、射干酮、紫檀素、草夹竹桃苷及多种二环三萜及其衍生物和苯酚类化合物等。射干对常见致病性真菌有较强的抑制作用；对外感及咽喉疾患中的某些病毒(腺病毒、ECHO11)也有抑制作用。有抗炎、解热及止痛作用。尚有明显的利尿作用。本品苦寒，脾虚便溏者不宜使用。孕妇忌用或慎用。

马勃

又名灰包、灰色菌、马粪包。为灰包科真菌脱皮马勃、大马勃或紫色马勃的干燥子实体。子实体球形至近球形，直径15~45厘米或更大，无不孕基部或很小，由粗菌索与地面相连。包被白色，老后污白色，初期有细纤毛，渐变光滑，包被两层，外包被膜状，内包被较厚，成熟后块状脱落，露出浅青褐色孢体。孢子形，具微细小疣，淡青黄色，孢丝分枝，横隔稀少。生长于旷野草地上。主产于辽宁、甘肃、江苏、安徽等地。夏、秋二季子实体成熟时及时采收，除去泥沙，干燥。辛，平。归肺经。清肺利咽，止血。用于风热郁肺咽痛，音哑，咳嗽；外治鼻衄，创伤出血。2~6克，煎服，布包煎；或入丸、散。外用：适量，研末撒，或调敷患处，或作吹药。本品含紫颓马勃酸、马勃素、马勃素葡萄糖苷、尿素、麦角甾醇、亮氨酸、酪氨酸、磷酸钠、砷及α-直链淀粉酶。脱皮马勃有止血作用，对口腔及鼻出血有明显的止血效果。其煎剂对金黄色葡萄球菌、绿脓杆菌、变形杆菌及肺炎双球菌均有抑制作用，对少数致病真菌也有抑制作用。风寒伏肺咳嗽失音者禁服。

青果

又名甘榄、橄榄、干青果、余甘子、青橄榄。为橄榄科植物橄榄的成熟果实。常绿乔木，高10~20米。羽状复叶互生；小叶9~15，对生，革质，长圆状披针形，先端尾状渐尖，下面网脉上有小窝点。圆锥花序顶生或腋生；花小，两性或杂性；萼杯状，花瓣白色。核果卵形，长约3厘米，青黄色。生长于低海拔的杂木林中，多为栽培。主产于广东、广西、福建、云南、四川等地。秋季果实成熟时采收，干燥。甘、酸，平。归肺、胃经。清热解毒，利咽，生津。用于咽喉肿痛，咳嗽痰黏，烦热口渴，鱼蟹中毒。5~10克，煎服。鲜品尤佳，可用至30~50克。本品果实含蛋白质、脂肪、碳水化合物、钙、磷、铁、抗坏血酸等；种子含挥发油以及香树脂醇等。青果提取物对半乳糖胺引起的肝细胞中毒有保护作用；亦能缓解四氯化碳对肝脏的损害。本品又能兴奋唾液腺，使唾液分泌增加，故有助消化作用。

锦灯笼

又名酢浆、酸浆、酸浆实、金灯笼、灯笼果、天灯笼。为茄科植物酸浆的干燥宿萼或带果实的宿萼。一年生草本，全株密生短柔毛，高25~60厘米，茎多分枝。叶互生，卵形至卵状心形，边缘有不等大的锯齿。花单生于叶腋；花萼钟状，花冠钟状，淡黄色，裂片基部有紫色斑纹。浆果球形，绿色，外包以膨大的绿色宿萼；宿萼卵形或阔卵形。多为野生，生长于山野、林缘等地。全国大部地区均有生产，以东北、华北产量大、质量好。秋季果实成熟、宿萼呈红色或橙红色时采收，晒干。苦，寒。归肺经。清热解毒，利咽化痰，利尿通淋。用于咽痛音哑，痰热咳嗽，小便不利，热淋涩痛；外治天疱疮、湿疹。5~9克，煎服。外用：适量，捣敷患处。本品含生物碱、柠檬酸、枸橼酸、草酸、维生素C及酸浆红素等，另含有甾醇类及多种氨基酸。本品果实水提物有抗癌作用，对小鼠艾氏腹水癌的生长有抑制作用。其果实鲜汁对金黄色葡萄球菌、绿脓杆菌等有抑制作用，对乙型肝炎病毒表面抗原也有抑制作用。此外，本品醚溶性、水溶性成分对蛙心均有加强其收缩的作用，并能引起微弱的血管收缩及血压升高。脾虚泄泻者及孕妇忌用。

金果榄

又名地苦胆、山慈姑、九牛胆、青鱼胆、九龙胆。为防己科植物金果榄或青牛胆的干燥块根。金果榄：常绿缠绕藤本。块根卵圆形、椭圆形、肾形或圆形，常数个相连，表皮土黄色。茎圆柱形，深绿色，粗糙有纹，被毛。叶互生，叶柄长2～3.5厘米，略被毛；叶片卵圆形至长卵形，长6～9厘米，宽5～6厘米，先端锐尖，基部圆耳状箭形，全缘，上面绿色，无毛，下面淡绿色，被疏毛。花近白色，单性，雌雄异株，成腋生圆锥花序，花序疏松略被毛，总花梗长6～9厘米，苞片短，线形；雄花具花萼2轮，外轮3片披针形，内轮3片倒卵形，外侧均被毛；花瓣6，细小，与花萼互生，先端截形，微凹，基部渐狭，雄蕊6，花药近方形，花丝分离，先端膨大；雌花萼片与雄花相同，花瓣较小，匙形，退化雄蕊6，棒状，心皮3。核果球形，红色。花期3～5月，果期9～11月。青牛胆：缠绕藤本。根深长，块根黄色，形状不一。小枝细长，粗糙有槽纹，节上被短硬毛。叶互生，具柄；叶片卵状披针形，长7～13厘米，宽2.5～5厘米，先端渐尖或钝，基部通常尖锐箭形或戟状箭形，全缘；两面被短硬毛，脉上尤多。花单性，雌雄异株，总状花序；雄花多数，萼片椭圆形，外轮3片细小；花瓣倒卵形，基部楔形，较萼片短；雄蕊6，分离，直立或外曲，长于花瓣，花药卵圆形，退化雄蕊长圆形，比花瓣短；雌花4～10朵，小花梗较长；心皮3或4枚，柱头裂片乳头状。核果红色，背部隆起，近顶端处有时具花柱的遗迹。花期3～5月，果期8～10月。金果榄生于疏林下或灌木丛中，有时也生于山上岩石旁边的红壤地中。分布在广东、广西、贵州等地。青牛胆生于灌木林下石隙间。分布在广西、湖南、湖北、四川、贵州等地。秋、冬二季采挖，除去须根，洗净，晒干。苦，寒。归肺、大肠经。清热解毒，利咽，止痛。用于

咽喉肿痛，痈疽疔毒，泄泻，痢疾，脘腹热痛。3～9克，外用：适量，研末吹喉或醋磨涂敷患处。本品主要含生物碱类，有防己碱、药根碱、非洲防己碱等。另含有萜类及甾醇类。本品煎剂对金黄色葡萄球菌、抗酸性分枝杆菌、结核杆菌等均有较强的抑制作用；对钩端螺旋体也有抑制作用。所含掌叶防己碱能使幼年小鼠胸腺萎缩；有抗肾上腺素作用；并有相当强的抗胆碱酯酶的作用。水或醇的提取物中的苦味成分能降低空腹血糖，并增加葡萄糖耐量，其作用原理可能是促进胰岛素分泌及增加糖摄取，同时抑制外周糖的释放。此外还有解毒、止痛及兴奋子宫的作用。脾胃虚弱者慎用。

木蝴蝶

又名云故纸、玉蝴蝶、千张纸、千层纸、白玉纸。为紫葳科植物木蝴蝶的干燥成熟种子。乔木，高7~12米。树皮厚，有皮孔。叶对生，2~3回羽状复叶，着生于茎的近顶端；小叶多数，卵形，全缘。总状花序顶生，长约25厘米。花大，紫红色，两性。花萼肉质，钟状。蒴果长披针形，扁平，木质。种子扁圆形，边缘具白色透明的膜质翅。生长于山坡、溪边、山谷及灌木丛中。主产于云南、广西、贵州等地。均为野生。秋、冬二季采收成熟果实，曝晒至果实开裂，取出种子，晒干。苦、甘，凉。归肺、肝、胃经。清肺利咽，疏肝和胃。用于肺热咳嗽，喉痹，音哑，肝胃气痛。1~3克，煎服。木蝴蝶的种子含木蝴蝶甲素、乙素，脂肪油，黄芩苷元，特土苷，木蝴蝶苷A、B，白杨素及苯甲酸等。本品对大鼠半乳糖性白内障有预防和治疗作用，对其白内障形成过程中的代谢紊乱有阻止和纠正作用。木蝴蝶对离体胃壁黏膜有基因毒性和细胞增殖活性作用。本品苦寒，脾胃虚弱者慎用。

白头翁

又名翁草、野丈人、白头公、犄角花、老翁花、胡王使者。为毛茛科植物白头翁的干燥根。多年生草本，高达50厘米，全株密被白色长柔毛。主根粗壮，圆锥形。叶基生，具长柄，叶3全裂，中央裂片具短柄，3深裂，侧生裂片较小，不等3裂，叶上面疏被伏毛，下面密被伏毛。花茎1~2厘米，高10厘米以上，总苞由3小苞片组成，苞片掌状深裂。花单一，顶生，花被6，紫色，2轮，外密被长棉毛。雄蕊多数，雌蕊多数，离生心皮，花柱丝状，果期延长，密被白色长毛。瘦果多数，密集成头状，宿存花柱羽毛状。生长于平原或低山山坡草地、林缘或干旱多岩石的坡地。主产于河南、陕西、甘肃、山东、江苏、安徽、湖北、四川等地。春、秋二季采挖，除去泥沙，干燥。苦，寒。归胃、大肠经。清热解毒，凉血止痢。用于热毒血痢，阴痒带下。9~15克，煎服。鲜品15~30克，外用：适量。本品主要含皂苷，水解产生三萜皂苷、葡萄糖、鼠李糖等，并含白头翁素、2，3-羟基白桦酸、胡萝卜素等。白头翁鲜汁、煎剂、乙醇提取物在体外对金黄色葡萄球菌、绿脓杆菌、痢疾杆菌、枯草杆菌、伤寒杆菌、沙门氏杆菌以及一些皮肤真菌等，均具有明显的抑制作用。本品煎剂及所含皂苷有明显的抗阿米巴原虫作用。本品对阴道滴虫有明显的杀灭作用；对流感病毒也有轻度抑制作用。另外，尚具有一定的镇静、镇痛及抗惊厥作用，其地上部分具有强心作用。虚寒泻痢者忌服。

马齿苋

又名酸苋、马齿草、马齿菜、长命菜、马齿龙芽。为马齿苋科一年生肉质草本植物马齿苋的干燥地上部分。一年生草本，长可达35厘米。茎下部匍匐，四散分枝，上部略能直立或斜上，肥厚多汁，绿色或淡紫色，全体光滑无毛。单叶互生或近对生；叶片肉质肥厚，长方形或匙形，或倒卵形，先端圆，稍凹下或平截，基部宽楔形，形似马齿，故名"马齿苋"。夏日开黄色小花。蒴果圆锥形，自腰部横裂为帽盖状，内有多数黑色扁圆形细小种子。生长于田野、荒芜地及路旁。我国大部地区都有分布。夏、秋二季采收。除去残根及杂质，洗净，略蒸或烫后晒干。酸，寒。归肝、大肠经。清热解毒，凉血止血，止痢。用于热毒血痢，痈肿疔疮，湿疹，丹毒，蛇虫咬伤，便血，痔血，崩漏下血。9～15克，煎服。鲜品30～60克，外用：适量，捣敷患处。本品含三萜醇类、黄酮类、氨基酸、有机酸及其盐，还有钙、磷、铁、硒等微量元素和硝酸钾、硫酸钾等无机盐，以及硫胺素、核黄素，维生素A、B_1、β-胡萝卜素、蔗糖、葡萄糖、果糖等。本品尚含有大量的L-去甲基肾上腺素和多巴胺及少量的多巴。本品乙醇提取物及水煎液对痢疾杆菌有显著的抑制作用，对大肠杆菌、伤寒杆菌、金黄色葡萄球菌、杜益氏小芽孢癣菌也均有一定抑制作用。本品鲜汁和沸水提取物可增加动物离体回肠的紧张度，增强肠蠕动，又可剂量依赖性地松弛结肠、十二指肠；口服或腹腔注射其水提物，可使骨骼肌松弛。本品提取液具有较明显的抗氧化、延缓衰老和润肤美容的功效。其注射液对子宫平滑肌有明显的兴奋作用。本品能升高血钾浓度，且对心肌收缩力呈剂量依赖性的双向调节。此外，还有利尿和降低胆固醇等作用。脾胃虚寒、肠滑作泄者忌服。

鸦胆子

　　又名老鸦胆、小苦楝、雅旦子、鸭蛋子、苦榛子、苦参子。为苦木科植物鸦胆子的干燥成熟果实。落叶灌木或小乔木，高2~3米，全株被黄色柔毛。羽状复叶互生，卵状披针形，边缘有粗齿，两面被柔毛。花单性异株，圆锥状聚伞花序腋生，花极小，暗紫色。核果椭圆形，黑色。生长于灌木丛、草地及路旁向阳处。主产于广东、广西、福建、云南、贵州等地。秋季果实成熟时采收，除去杂质，晒干。苦，寒。有小毒。归大肠、肝经。清热解毒，截疟，止痢，腐蚀赘疣。用于痢疾，疟疾；外治赘疣，鸡眼。0.5~2克，内服。以干龙眼肉包裹或装入胶囊包裹吞服，亦可压去油制成丸剂、片剂服，不宜入煎剂。外用：适量。本品主要含苦木苦味素类、生物碱（鸦胆子碱、鸦胆宁等）、苷类（鸦胆灵、鸦胆子苷等）、酚性成分、黄酮类、香草酸、鸦胆子甲素以及鸦胆子油等。鸦胆子仁及其有效成分对阿米巴原虫有杀灭作用；对其他寄生虫如鞭虫、蛔虫、绦虫及阴道滴虫等也有驱杀作用。所含苦木苦味素有显著的抗疟作用。并具有抗肿瘤作用。本品对流感病毒有抑制作用。对赘疣细胞可使细胞核固缩，细胞坏死、脱落。本品有毒，对胃肠道及肝肾均有损害，内服需严格控制剂量，不宜多用、久服。外用时注意用胶布保护好周围正常皮肤，以防止对正常皮肤的刺激。孕妇及小儿慎用。胃肠出血及肝肾病患者，应忌用或慎用。

地锦草

又名草血竭、血见愁草、小虫儿卧单。为大戟科植物地锦或斑地锦的干燥全草。地锦：一年生匍匐草本。茎纤细，近基部分枝，带紫红色，无毛。叶对生，叶柄极短，托叶线形，通常3裂；叶片长圆形，长4～10毫米，宽4～6毫米，先端钝圆，基部偏狭，边缘有细齿，两面无毛或疏生柔毛，绿色或淡红色。杯状花序单生于叶腋；总苞倒圆锥形，浅红色，顶端4裂，裂片长三角形；腺体4，长圆形，有白色花瓣状附属物；子房3室；花柱3，2裂。蒴果三棱状球形，光滑无毛；种子卵形，黑褐色，外被白色蜡粉，长约1.2毫米，宽约0.7毫米。花期6～10，果实7月渐次成熟。斑叶地锦：本种与地锦草极相似，主要区别在于叶片中央有一紫斑，背面有柔毛；蒴果表面密生白色细柔毛；种子卵形，有角棱。花果期与地锦草同。生长于田野路旁及庭院间。全国各地均有分布，尤以长江流域及南方各省为多。夏、秋二季采收，除去杂质，晒干。辛，平。归肝、大肠经。清热解毒，凉血止血。用于痢疾，泄泻，咯血，尿血，便血，崩漏，疮疖痈肿。9～20克，煎服。鲜品30～60克，外用：适量。本品主要含黄酮类，如槲皮素及其单糖苷、异槲皮苷、黄芪苷等；香豆素类，包括东莨菪素、伞形花内酯、泽兰内酯；有机酸类，包括没食子酸及棕榈酸等。尚含有肌醇及鞣质等。地锦草鲜汁、水煎剂以及水煎浓缩乙醇提取物等体外实验均有抗病原微生物作用，对金黄色葡萄球菌、溶血性链球菌、白喉杆菌、大肠杆菌、伤寒杆菌、痢疾杆菌、绿脓杆菌、肠炎杆菌等多种致病性球菌及杆菌有明显抑菌作用；同时具有中和毒素作用。本品尚有止血作用及抗炎、止泻作用；其制剂若与镇静剂、止痛剂或抗组织胺剂合用时，可产生解痉、镇静或催眠作用。最新研究表明，斑地锦水提取液对急性炎症有较强的抑制作用，能显著缩短小鼠眼血液凝血时间，止血作用明显。

委陵菜

　　又名下路鸡、鸡爪草。为蔷薇科植物委陵菜的干燥全草。多年生草木，高30~60厘米。主根发达，圆柱形。茎直立或斜生，密生白色柔毛。羽状复叶互生，基生叶有15~31小叶，茎生叶有3~13小叶；小叶片长圆形至长圆状倒披针形，长1~6厘米，宽6~15毫米，边缘缺刻状，羽状深裂，裂片三角形，常反卷，上面被短柔毛，下面密生白色绒毛；托叶和叶柄基部合生。聚伞花序顶生；副萼及萼片各5，宿存，均密生绢毛；花瓣5，黄色，倒卵状圆形；雄蕊多数；雌蕊多数。瘦果有毛，多数，聚生于被有棉毛的花托上，花萼宿存。花期5~8月，果期8~10月。生长于山坡、路边、田旁、山林草丛中。全国大部地区均有分布，以山东、河南为最多。春季未抽茎时采挖，除去泥沙，晒干。苦，寒。归肝、大肠经。清热解毒，凉血止痢。用于赤痢腹痛，久痢不止，痔疮出血，痈肿疮毒。9~15克，煎服。外用：鲜品适量，煎水洗或捣烂敷患处。本品含有山奈素、槲皮素、α-儿茶酚等黄酮类，熊果酸等三萜类，以及有机酸类、维生素C、蛋白质、脂肪、纤维等。本品所含没食子酸、槲皮素是抗菌的主要活性成分，对痢疾杆菌、金黄色葡萄球菌、绿脓杆菌、枯草杆菌均有一定的抑制作用；对阿米巴滋养体以及阴道滴虫也有一定的杀灭作用。本品对实验动物的离体心脏、离体及在体肠管均呈抑制作用，而对离体支气管则是扩张作用，对其离体子宫起兴奋作用。慢性腹泻伴体虚者慎用。

半边莲

又名腹水草、半边菊、蛇利草、细米草。为桔梗科植物半边莲的干燥全草。植株高约1.5米，叶大，二回羽状，长圆形，向基部稍狭。叶脉略开展，二叉或下部的往往二回分叉，叶厚纸质，下面为浅绿色，无鳞片。生长于阳光或局部阴凉的环境中，以及肥沃、潮湿、有机质多、排水良好的土壤里。主产于安徽、江苏及浙江等地。夏季采收，除去泥沙，洗净，晒干。辛，平。归心、小肠、肺经。利尿消肿，清热解毒。用于痈肿疔疮，蛇虫咬伤，膨胀水肿，湿热黄疸，湿疹湿疮。干品9～15克，煎服。鲜品30～60克，外用：适量。本品全草含生物碱、黄酮苷、皂苷、氨基酸、延胡索酸、琥珀酸、对羟基苯甲酸、葡萄糖和果糖等成分。生物碱中主要有山梗菜碱或半边莲碱、山梗菜酮碱或去氢半边莲碱、山梗菜醇碱或氧化半边莲碱和异山梗菜酮碱、去甲山梗菜酮碱等。还含有治疗毒蛇咬伤的有效成分，如延胡索酸钠、琥珀酸钠、对羟基苯甲酸钠等。根茎含半边莲果聚糖。半边莲总生物碱及粉剂和浸剂，口服均有显著而持久的利尿作用，可使尿量、氯化物和钠排出量均显著增加。其浸剂静脉注射，对麻醉犬有显著而持久的降血压作用。其煎剂及其生物碱制剂，对麻醉犬有显著的呼吸兴奋作用，同时伴有心率减慢，血压升高，大剂量时则心率加快，血压明显下降。半边莲碱吸入有扩张支气管作用，肌注有催吐作用，对神经系统有先兴奋后抑制的作用。本品煎剂有抗蛇毒作用，口服有轻泻作用，体外实验对金黄色葡萄球菌、大肠杆菌、痢疾杆菌及常见致病真菌均有抑制作用，腹腔注射对小鼠剪尾之出血有止血作用。其水煮醇沉制剂有利胆作用。虚证水肿者忌用。

白花蛇舌草

又名蛇舌草、尖刀草、甲猛草、蛇针草、白花十字草。为茜草科植物白花蛇舌草的全草。一年生披散小草本。有主根1条，须根纤细。茎细而卷曲，扁圆柱形，从基部分枝。质脆易折断，中央有白色髓部。单叶对生，膜质，叶多破碎，极皱缩，易脱落，完整者水泡展开呈线形，长1~3厘米，宽1~3毫米，顶端急尖，侧脉不显，无

柄；有托叶，合生，长1~2毫米，上部芒尖。花4数，单生或成对生于叶腋，多具梗，花梗长0.1~1.5厘米不等；萼管与子房合生，球形，略扁，宿存；花冠白色，筒状，长3.5~4毫米，裂片卵状矩圆形；雄蕊生于花冠筒喉部，花药2室；雌蕊1。蒴果扁球形，径2~3毫米，灰褐色，全草扭缠成团状，灰绿色或灰棕色。花冠白色，筒状。多具梗。生长于潮湿的沟边、草地、田边和路旁。我国长江以南各地均产。夏、秋二季采收，洗净，晒干或鲜用。微苦、甘，寒。归胃、大肠、小肠经。清热解毒，利湿通淋。15~60克，煎服。外用：适量。本品全草含三十一烷、豆甾醇、熊果酸、齐墩果酸、β-谷甾醇、β-谷甾醇-D-葡萄糖苷、对香豆酸等。本品在体外对金黄色葡萄球菌和痢疾杆菌有微弱抑制作用；在体内能刺激网状内皮系统增生，促进抗体形成，使网状细胞、白细胞的吞噬能力增强，从而达到抗菌、抗炎的目的。本品对兔实验性阑尾炎的治疗效果显著，可使体温及白细胞下降、炎症吸收。其粗制剂体外实验，在高浓度下对艾氏腹水癌、吉田肉瘤和多种白血病癌细胞均有抑制作用，但实验性治疗无明显抗癌作用。给小鼠腹腔注射白花蛇舌草液可以出现镇痛、镇静及催眠作用。尚有抑制生精能力和保肝利胆的作用。阴疽及脾胃虚寒者忌用。

山慈菇

　　又名毛菇、山茨菇、光慈菇、毛慈菇、冰球子。为兰科植物杜鹃兰、独蒜兰等的干燥假鳞茎。前者习称"毛慈菇"，后者习称"冰球子"。杜鹃兰：陆生植物。假鳞茎聚生，近球形，粗1~3厘米。顶生1叶，很少具2叶；叶片椭圆形，长达45厘米，宽4~8厘米，先端急尖，基部收窄为柄。花葶侧生于假鳞茎顶端，直立，粗壮，通常高出叶外，疏生2枚筒状鞘；总状花序疏生多数花；花偏向一侧，紫红色；花苞片狭披针形，等长于或短于花梗（连子房）；花被片呈筒状，先端略开展；萼片和花瓣近相等，倒披针形，长3.5厘米左右，中上部宽约4毫米，先端急尖；唇瓣近匙形，与萼片近等长，基部浅囊状，两侧边缘略向上反折，前端扩大并为3裂，侧裂片狭小，中裂片长圆形，基部具1个紧贴或多少分离的附属物；合蕊柱纤细，略短于萼片。花期6~8月。独蒜兰：陆生植物，高15~25厘米。假鳞茎狭卵形或长颈瓶状，长1~2厘米，顶生1枚叶，叶落后1杯状齿环。叶和花同时出现，椭圆状披针形，长10~25厘米，宽2~5厘米，先端稍钝或渐尖，基部收狭成柄，抱花葶。花葶顶生1朵花。花苞片长圆形，近急尖，等于或长于子房；花淡紫色或粉红色；萼片直立，狭披针形，长达4厘米，宽5~7毫米，先端急尖；唇瓣基部楔形，先端凹缺或几乎不凹缺，边缘具不整齐的锯齿，内面有3~5条波状或近直立的褶片。花期4~5月，果期7月。杜鹃兰生于山坡及林下阴湿处。分布于长江流域以南地区及山西、陕西、甘肃等地。独蒜兰生于林下或沟谷旁有泥土的石壁上。分布于华东、中南、西南及陕西、甘肃等地。夏、秋二季采挖，除去地上部分及泥沙，分开大小置沸水锅内蒸煮至透心，干燥。甘、微辛，凉。归肝、脾经。清热解毒，化痰散结。用于痈肿疔毒，瘰疬痰核，淋巴结结核，蛇虫咬伤。3~9克，煎服。外用：适量。山慈菇杜鹃兰根茎含黏液质、葡配甘露聚糖及甘露糖等，光慈菇、老鸦瓣及丽江山慈菇均含秋水仙碱等多种生物碱。秋水仙碱有抗肿瘤及镇静催眠协同作用。尚有止咳、平喘及止痛作用。本品有毒，不可多服、久服。体虚者慎服。

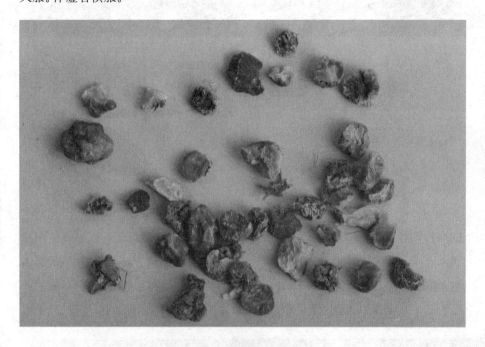

千里光

又名九里明、九里光、千里及、眼明划、黄花草。为菊科草本植物千里光的地上部分。多年生草本，有攀援状木质茎，高1～5米，有微毛，后脱落。叶互生，卵状三角形或椭圆状披针形，长4～12厘米，宽2～6厘米，先端渐尖，基部楔形至截形，边缘有不规则缺刻状齿裂，或微波状，或近全缘，两面疏被细毛。头状花序顶生，排成伞房状；总苞筒形，总苞片1层；花黄色，舌状花雌性，管状花两性。瘦果圆柱形，有纵沟，被短毛，冠毛白色。花果期为秋冬季至次年春。生长于路旁及旷野间。分布于江苏、浙江、安徽、江西、湖南、四川、贵州、云南、广东、广西等地。夏、秋季采收，扎成小把或切段，晒干。苦，寒。归肺、肝经。清热解毒，明目，利湿。用于痈肿疮毒，感冒发热，目赤肿痛，泄泻痢疾，皮肤湿疹。15～30克，煎服。外用：适量，煎水熏洗。千里光全草含毛茛黄素、菊黄质、β-胡萝卜素。亦含生物碱、挥发油、黄酮苷、对羟基苯乙酸、水杨酸、香荚兰酸、焦粘酸、氢醌以及鞣质等。本品具有较强的广谱抗菌活性，对革兰阳性及阴性细菌有明显抑制作用，其中对福氏痢疾杆菌、志贺痢疾杆菌及卡他奈球菌尤为敏感；其各种提取物都有不同程度的体外抗钩端螺旋体作用；其煎剂对阴道滴虫有一定的抑制作用。此外还有一定镇咳作用。动物实验表明，大剂量灌服千里光水煎剂，可致食欲减退，体重减轻，并可引起部分动物死亡，小剂量实验者，在病检时可见肝脏有轻度脂肪性变。据国外报道，千里光植物含有多种肝毒性生物碱，对肝脏有明显毒性，可致动物和人肝损害，甚至死亡。脾胃虚寒者慎服。

白蔹

又名白根、昆仑、山地瓜、地老鼠、见肿消、鹅抱蛋。为葡萄科植物白蔹的干燥块根。木质藤本，茎多分枝，带淡紫色，散生点状皮孔，卷须与叶对生。掌状复叶互生，一部分羽状分裂，一部分羽状缺刻，边缘疏生粗锯齿，叶轴有宽翅，裂片基部有关节，两面无毛。聚伞花序与叶对生，序梗细长而缠绕，花淡黄色，花盘杯状，边缘稍分裂。浆果球形或肾形，熟时蓝色或白色，有针孔状凹点。生长于荒山的灌木丛中。主产于华东、华北及中南各地，广东、广西也有生产。多为野生。春、秋二季采挖，除去泥沙及细根，切成纵瓣或斜片，晒干。苦，微寒。归心、胃经。清热解毒，消痈散结，敛疮生肌。用于痈疽发背，疔疮，瘰疬，水火烫伤。5~10克，外用：适量，煎汤洗或研成极细粉敷患处。本品含有黏液质和淀粉、酒石酸、龙脑酸、24-乙基甾醇及其糖苷、脂肪酸和酚性化合物。白蔹有很强的抑菌作用，并有很强的抗真菌效果。所含多种多酚化合物具有较强的抗肝毒素作用及很强的抗脂质过氧化活性。脾胃虚寒者不宜服。反乌头。

四季青

又名油叶树、红冬青、树顶子。为冬青科植物冬青的叶。常绿乔木，高可达12米。树皮灰色或淡灰色，无毛。叶互生；叶柄长5~15厘米；叶片革质，通常狭长椭圆形，长6~10厘米，宽2~3.5厘米，先端渐尖，基部楔形，很少圆形，边缘疏生浅锯齿，上面深绿色而有光泽，冬季变紫红色，中脉在下面隆起。花单性，雌雄异株，聚伞花序着生于叶腋外或叶腋内；花萼4裂，花瓣4，淡紫色；雄蕊4；子房上位。核果椭圆形，长6~10毫米，熟时红色，内含核4颗，果柄长约5毫米。花期5月，果熟期10月。生长于向阳山坡林缘、灌丛中。主产于江苏、浙江、广西、广东和西南各省。秋、冬季采收，除去杂质，晒干。生用。苦、涩，凉。归肺、大肠、膀胱经。清热解毒，消肿祛瘀。用于肺热咳嗽，咽喉肿痛，痢疾，胁痛，热淋；外治烧烫伤，皮肤溃疡。15~60克，煎服。外用：适量，水煎外涂。四季青主要含原儿茶酸、原儿茶醛、马索酸、缩合型鞣质、黄酮类化合物及挥发油等。四季青煎剂、注射液、四季青钠及分离出的原儿茶酸、原儿茶醛等均具有广谱抗菌作用，尤其对金黄色葡萄球菌的抑菌作用最强；对控制烧伤创面感染有一定作用，实验性烫伤用四季青涂布后形成的痂膜较为牢固，有一定抗感染能力和吸附能力，且有一定的通透性和不会增加创面深度等优点，明显减少创面渗出及水肿，并促进肿胀的消退。本品还能降低冠状动脉阻力，增加冠状动脉流量；所含原儿茶酸能在轻度改善心脏功能的情况下增强心肌的耐缺氧能力。本品尚具有显著的抗炎及抗肿瘤作用。脾胃虚寒、肠滑泄泻者慎用。

绿豆

一年生直立或顶端微缠绕草本。高约60厘米，被短褐色硬毛。三出复叶，互生；叶柄长9~12厘米；小叶3，叶片阔卵形至菱状卵形，侧生小叶偏斜，长6~10厘米，宽2.5~7.5厘米，先端渐尖，基部圆形、楔形或截形，两面疏被长硬毛；托叶阔卵形，小托叶线形。总状花序腋生，总花梗短于叶柄或近等长；苞片卵形或卵状长椭圆形，有长硬毛；花绿黄色；萼斜钟状，萼齿4，最下面1齿最长，近无毛，旗瓣肾形，翼瓣有渐窄的爪，龙骨瓣的爪截形，其中一片龙骨瓣有角；雄蕊10，二体；子房无柄，密被长硬毛。荚果圆柱形，长6~8厘米，宽约6毫米，成熟时黑色，被疏褐色长硬毛。种子绿色或暗绿色，长圆形。花期6~7月，果期8月。全国大部分地区均有栽培。秋后种子成熟时采收，簸净杂质，洗净，晒干。打碎入药或研粉用。甘，寒。归心、胃经。清热解毒，消暑，利水。15~30克，煎服。外用：适量。本品含蛋白质、脂肪、糖类、胡萝卜素、维生素A、B、烟酸和磷脂以及磷、铁等。本品提取液能降低正常及实验性高胆固醇血症家兔的血清胆固醇含量，可防治实验性动脉粥样硬化。脾胃虚寒、肠滑泄泻者忌用。

生地黄

　　又名生地、山烟、酒壶花、山白菜、山烟根。为玄参科植物地黄的新鲜或干燥块根。多年生草本，高25～40厘米，全株密被长柔毛及腺毛。块根肥厚。叶多基生，倒卵形或长椭圆形，基部渐狭下延成长叶柄，边缘有不整齐的钝锯齿。茎生叶小。总状花序，花微下垂，花萼钟状，花冠筒状，微弯曲，二唇形，外紫红色，内黄色有紫斑，蒴果卵圆形，种子多数。生长于山坡、田埂及路旁。主产于河南、辽宁、河北、山东、浙江等地。秋季采挖，除去芦头、须根及泥沙，鲜用或将地黄缓缓烘焙至约八成干。前者习称"鲜地黄"，后者习称"生地黄"。鲜地黄：甘、苦、寒。归心、肝、肾经。生地黄：甘、寒。归心、肝、肾经。鲜地黄：清热生津，凉血，止血。用于热病伤阴，舌绛烦渴，温毒发斑，吐血，衄血，咽喉肿痛。生地黄：清热凉血，养阴生津。用于热入营血，温毒发斑，吐血衄血，热病伤阴，舌绛烦渴，津伤便秘，阴虚发热，骨蒸劳热，内热消渴。鲜地黄12～30克，煎服。生地黄10～15克。本品含梓醇、二氢梓醇、单密力特苷、乙酰梓醇、桃叶珊瑚苷、密力特苷、地黄苷、去羟栀子苷、筋骨草苷、辛酸、苯甲酸、苯乙酸、葡萄糖、蔗糖、果糖及铁、锌、锰、铬等20多种微量元素、β-谷甾醇等。鲜地黄含20多种氨基酸，其中精氨酸含量最高。干地黄中含有15种氨基酸，其中丙氨酸含量最高。本品水提取液有降压、镇静、抗炎、抗过敏作用；其流浸膏有强心、利尿作用。其乙醇提取物有缩短凝血时间的作用。地黄有对抗连续服用地塞米松后血浆皮质酮浓度的下降，并能防止肾上腺皮质萎缩的作用，具有促进机体淋巴母细胞的转化、增加T淋巴细胞数量的作用，并能增强网状内皮细胞的吞噬功能，特别对免疫功能低下者的作用更明显。脾虚湿滞、腹满便溏者不宜使用。

玄参

又名黑参、玄台、逐马、馥草、元参。为玄
参科植物玄参的干燥根。多年生草本，根肥
大。茎直立，四棱形，光滑或有腺状毛。茎下
部叶对生，近茎顶互生，叶片卵形或卵状长圆
形，边缘有细锯齿，下面疏生细毛。聚伞花序
顶生，开展成圆锥状，花冠暗紫色，5裂，上面
2裂片较长而大，侧面2裂片次之，最下1裂片

最小，蒴果卵圆形，萼宿存。生长于溪边、山坡林下及草丛中。主产于浙江、湖北、
江苏、江西、四川等地。冬季茎叶枯萎时采挖，除去根茎、幼芽、须根及泥沙，晒或
烘至半干，堆放3~6日，反复数次至干燥。甘、苦、咸，微寒。归肺、胃、肾经。清热凉
血，滋阴降火，解毒散结。用于热入营血，温毒发斑，热病伤阴，舌绛烦渴，津伤便
秘，骨蒸劳嗽，目赤，咽痛，白喉，瘰疬，痈肿疮毒。9~15克，煎服。本品含哈巴苷、
哈巴苷元、桃叶珊瑚苷、6-对甲基梓醇、浙玄参苷甲、乙等环烯醚萜类化合物及生物
碱、植物甾醇、油酸、硬脂酸、葡萄糖、天冬酰胺、微量挥发油等。本品水浸剂、醇浸

剂和煎剂均有降血压作用。其醇浸膏水
溶液能增加小鼠心肌营养血流量，并可
对抗垂体后叶素所致的冠状动脉收缩。
本品对金黄色葡萄球菌、白喉杆菌、伤
寒杆菌、乙型溶血性链球菌、绿脓杆菌、
福氏痢疾杆菌、大肠杆菌、须发癣菌、
絮状表皮癣菌、羊毛状小芽孢菌和星形
奴卡氏菌均有抑制作用。此外，本品还
有抗炎、镇静、抗惊厥作用。脾胃虚寒、
食少便溏者不宜服用。反藜芦。

牡丹皮

又名丹根、丹皮、牡丹根皮。为毛茛科植物牡丹的干燥根皮。落叶小灌木，高1~2米，主根粗长。叶为2回3出复叶，小叶卵形或广卵形，顶生小叶片通常3裂。花大型，单生枝顶；萼片5；花瓣5至多数，白色、红色或浅紫色；雄蕊多数；心皮3~5枚，离生。聚合果，表面密被黄褐色短毛。根皮呈圆筒状或槽状，外表灰棕色或紫褐色，有横长皮孔及支根痕。去栓皮的外表粉红色，内表面深棕色，并有多数光亮细小结晶(牡丹酚)附着。质硬

脆，易折断。生长在向阳、不积水的斜坡、沙质地。全国各地多有分布。秋季采挖根部，除去细根和泥沙，剥取根皮，晒干。苦、辛，微寒。归心、肝、肾经。清热凉血，活血化瘀。用于热入营血，温毒发斑，吐血衄血，夜热早凉，无汗骨蒸，经闭痛经，痈肿疮毒，跌仆伤痛。6~12克，煎服。清热凉血宜生用，活血祛瘀宜酒炙用。本品含牡丹酚、牡丹酚苷、牡丹酚原苷、牡丹酚新苷，并含芍药苷、氧化芍药苷、苯甲酰芍药苷、没食子酸、挥发油、植物甾醇、苯甲酸、蔗糖、葡萄糖等。所含牡丹酚及其以外的糖苷类成分均有抗炎作用。牡丹皮的甲醇提取物有抑制血小板作用。牡丹酚有镇静、

降温、解热、镇痛、解痉等中枢抑制作用及抗动脉粥样硬化、利尿、抗溃疡、促使动物子宫内膜充血等作用。牡丹皮能显著降低心输出量；其乙醇提取物、水煎液能增加冠状动脉血流量。牡丹皮水煎剂及牡丹酚和除去牡丹酚的水煎液均有降低血压的作用。所含牡丹酚及芍药苷、苯甲酰芍药苷、苯甲酰氧化芍药苷等，均有抗血小板凝聚作用。牡丹皮水煎剂对痢疾杆菌、伤寒杆菌等多种致病菌及致病性皮肤真菌均有抑制作用。血虚有寒、月经过多者及孕妇不宜用。

赤芍

又名红芍药、山芍药、草芍药、木芍药、赤芍药。为毛茛科植物赤芍或川赤芍的干燥根。川赤芍为多年生草本。茎直立。茎下部叶为2回3出复叶，小叶通常二回深裂，小裂片宽0.5~1.8厘米。花2~4朵生茎顶端和其下的叶腋；花瓣6~9，紫红色或粉红色；雄蕊多数；心皮2~5。果密被黄色绒毛。根为圆柱形，稍弯曲。表面暗褐色或暗棕色，粗糙，有横向突起的皮孔，手搓则外皮易破而脱落（俗称糟皮）。生长于山坡林下草丛中及路旁。主产于内蒙古、辽宁、吉林、甘肃、青海、新疆、河北、安徽、陕西、山西、四川、贵州等地。春、秋二季采挖，除去根茎、须根及泥沙，晒干。苦，微寒。归肝经。清热凉血，散瘀止痛。用于热入营血，温毒发斑，吐血衄血，目赤肿痛，肝郁胁痛，经闭痛经，癥瘕腹痛，跌打损伤，痈肿疮疡。6~12克，煎服。本品含芍药苷、芍药内酯苷、氧化芍药苷、苯甲酰芍药苷、芍药吉酮、芍药新苷、没食子鞣质、苯甲酸、挥发油、脂肪油、树脂等。本品能扩张冠状动脉、增加冠状动脉血流量；赤芍水提取液、赤芍苷、赤芍成分及其衍生物有抑制血小板聚集作用；其水煎剂能延长体外血栓形成时间，减轻血栓干重。所含芍药苷有镇静、抗炎止痛作用。芍药流浸膏、芍药苷有抗惊厥作用。赤芍、芍药苷有解痉作用；赤芍对肝细胞DNA的合成有明显的增强作用，对多种病原微生物有较强的抑制作用。血寒经闭不宜用。反藜芦。

紫草

　　又名紫根、紫丹、紫草茸、紫草根、山紫草、硬紫草。为紫草科植物新疆紫草或内蒙紫草的干燥根。紫草：多年生草本。高50～90厘米。全株被糙毛。根长条状，略弯曲，肥厚，紫红色。茎直立，上部分枝。叶互生，具短柄或无柄，叶片粗糙，卵状披针形，全缘或稍呈不规则波状。总状聚伞花序；苞片叶状，披针形或窄卵形，两面具粗毛；萼片5极针形，基部微合生；花冠白色，筒状，先端5裂，喉部有5个小鳞片，基部被毛；雄蕊5；子房4深裂，花柱单一，线形，柱头2裂，小坚果卵圆形，灰白色或淡褐色，平滑有光泽。花期5～6月，果期7～8月。新疆紫草：多年生草本，高15～35厘米，全株被白色糙毛。根粗状。基生叶丛生，叶线状披针形，长5～12厘米，宽2～5毫米；茎生叶互生，较小，无柄。蝎尾状聚伞花序，集于茎顶近头状，苞片线状披针形。花冠长筒状，淡紫色或紫色，先端5裂，喉部及基部无附属物及毛。雄蕊5，着生于花冠管中部，子房4深裂。小坚果骨质，宽卵质。生长于路边、荒山、田野及干燥多石山坡的灌木丛中。主产于黑龙江、吉林、辽宁、河北、河南、山西等地。春、秋二季采挖，除去泥沙，干燥。甘、咸，寒。归心、肝经。清热凉血，活血解毒，透疹消斑。用于血热毒盛，斑疹紫黑，麻疹不透，疮疡，

湿疹，水火烫伤。5～10克，煎服。外用：适量，熬膏或用植物油浸泡涂搽。本品含紫草素（紫草醌）、紫草烷、乙酰紫草素、去氧紫草素、异丁酰紫草素、二甲基戊烯酰紫草素、β-二甲基丙烯酰紫草素等。本品煎剂、紫草素、二甲基戊烯酰紫草素、二甲基丙烯酰紫草素对金黄色葡萄球菌、大肠杆菌、枯草杆菌等具有抑制作用；紫草素对大肠杆菌、伤寒杆菌、痢疾杆菌、绿脓杆菌及金黄色葡萄球菌均有明显抑制作用。其乙醚、水、乙醇提取物均有一定的抗炎作用。新疆产紫草根煎剂对心脏有明显的兴奋作用。新疆紫草中提取的紫草素及石油醚部分有抗肿瘤作用。本品有抗生育、解热等作用。本品性寒而滑利，脾虚便溏者忌服。

知识全接触

毒性

古代本草书籍中常把药物的偏性称为毒，把药物统称为毒药，这是广义的毒。现代所谓毒性指药物对机体的损害作用，即毒副作用。有毒药物的毒副作用程度不同，为示区别，历代本草书籍中常标明"小毒"、"大毒"。一般情况下，有毒药物的中毒剂量与治疗量较接近，临床应用安全系数较小，有时会严重损害机体组织器官，甚至导致死亡。因此，在使用有毒尤其是大毒药物时，为保证用药安全，必须注意：严格控制剂量；注意正确用法；遵守炮制工艺；利用合理的配伍、避免配伍禁忌等。任何事物都具有双重性，药物的毒性亦然，利用有毒药物，采取"以毒攻毒"的治法，常用于毒疔、疮毒、瘰疬等病。

青蒿

又名草蒿、苦蒿、香蒿、蒿子。为菊科植物黄花蒿的干燥地上部分。一年生草本，茎直立，多分枝。叶对生，基生及茎下部的叶花期枯萎，上部叶逐渐变小，呈线形，叶片通常3回羽状深裂，上面无毛或微被稀疏细毛，下面被细柔毛及丁字毛，基部略扩大而抱茎。头状花序小，球形，极多，排列成大的圆锥花序，总苞球形，苞片2~3层，无毛，小花均为管状、黄色，边缘小花雌性，中央为两性花，瘦果椭圆形。生长于林缘、山坡、荒地。产于全国各地。秋季花盛开时采割，除去老茎，阴干。苦、辛，寒。归肝、胆经。清虚热，除骨蒸，解暑热，截疟，退黄。用于温邪伤阴，夜热早凉，阴虚发热，骨蒸劳热，暑邪发热，疟疾寒热，湿热黄疸。6~12克，煎服，后下，不宜久煎；或鲜用绞汁服。本品主要含有倍半萜类、黄酮类、香豆素类、挥发性成分及其他β-半乳糖苷酶、β-葡萄糖苷酶、β-谷甾醇等。倍半萜类有青蒿素、青蒿酸、青蒿醇、青蒿酸甲酯等。黄酮类有3，4-二羟基-6，7，3'，4'-四甲氧基黄酮醇、猫眼草黄素、猫眼草酚等。香豆素类有香豆素、6-甲氧基-7-羟基香豆素、东莨菪内酯等。挥发性成分中以茨烯、β-茨烯、异蒿酮、左旋樟脑、β-丁香烯、β-菠烯为主，另含α-菠烯、蒿酮、樟脑等。本品乙醚提取中性部分和其稀醇浸膏有显著抗疟作用，青蒿

素及衍生物具有抗动物血吸虫的作用。青蒿素、青蒿醚、青蒿琥酯均能促进机体细胞的免疫作用。青蒿素可减慢心率、抑制心肌收缩力、降低冠状动脉流量以及降低血压。青蒿对多种细菌、病毒具有杀伤作用。有较好的解热、镇痛作用，与金银花有协同作用，退热迅速而持久。蒿甲醚有辐射防护作用。青蒿素对实验性矽肺有明显疗效。研究表明青蒿琥酯在体外对人肝癌细胞有明显的细胞毒作用，口服体内实验对小鼠肝癌有抗肝肿瘤作用，并与5-氟尿嘧啶有协同抗癌作用。此外，青蒿的特殊毒性实验结果提示，青蒿素可能有遗传毒性，青蒿琥酯钠有明显的胚胎毒作用，妊娠早期给药，可致胚胎骨髓发育迟缓。脾胃虚弱、肠滑泄泻者忌服。

十九畏

古代中药文献中记载的以十九畏歌诀为基础的中药相畏配伍禁忌。

十九畏最早出自明朝刘纯的《医经小学》，列述了如下九组十九味相反药：硫黄畏朴硝，水银畏砒霜，狼毒畏密陀僧，巴豆畏牵牛，丁香畏郁金，川乌、草乌畏犀角，牙硝畏三棱，人参畏五灵脂，官桂畏石脂。

十九畏歌诀如下：硫黄原是火中精，朴硝一见便相争；水银莫与砒霜见，狼毒最怕密陀僧；巴豆性烈最为上，偏与牵牛不顺情；丁香莫与郁金见，牙硝难合京三棱；川乌草乌不顺犀，人参最怕五灵脂；官桂善能调冷气，若逢石脂便相欺。大凡修合看顺逆，炮爁炙煿莫相宜。

白薇

又名薇草、春草、白马薇、白龙须、龙胆白薇。为萝科植物白薇或蔓生白薇的干燥根及根茎。白薇：多年生草本，高50厘米。茎直立，常单一，被短柔毛，有白色乳汁。叶对生，宽卵形或卵状长圆形，长5~10厘米，宽3~7厘米。两面被白色短柔毛。伞状聚伞花序，腋生，花深紫色，直径1~1.5厘米，花冠5深裂，副花冠裂片5，与蕊柱几等长。雄蕊5，花粉块每室1个，下垂。果单生，先端尖，基部钝形。种子多数，有狭翼，有白色绢毛。蔓生白薇：半灌木状，茎下部直立，上部蔓生，全株被绒毛，花被小，直径约1毫米，初开为黄色，后渐变为黑紫色，副花冠小，较蕊柱短。白薇根茎呈类圆柱形，有结节，长1.5~5厘米，直径0.5~1.2厘米。上面可见数个圆形凹陷的茎痕，直径2~8毫米，有时尚可见茎基，直径在5毫米以上，下面及两侧簇生多数细长的根似马尾状。根呈圆柱形，略弯曲，长5~20厘米，直径1~2毫米；表面黄棕色至棕色，平滑或具细皱纹。质脆，易折断，折断面平坦，皮部黄白色或淡色，中央木部小，黄色。气微、味微苦。蔓生白薇根茎较细，长2~6厘米，直径4~8毫米。残存的茎基也较细，直径在5毫米以下。根多弯曲。生长于树林边缘或山坡。主产于山东、安徽、辽宁、四川、江苏、浙江、福建、甘肃、河北、陕西等地。春、秋二季采挖，洗净，干燥。苦、咸、寒。归胃、肝、肾经。清热凉血，利尿通淋，解毒疗疮。用于温邪伤营发热，阴虚发热，骨蒸劳热，产后血虚发热，热淋，血淋，痈疽肿毒。5~10克，煎服。本品含挥发油、强心苷等。其中强心苷中主要为甾体多糖苷，挥发油的主要成分为白薇素。本品所含白薇苷有加强心肌收缩的作用，可使心率减慢。对肺炎球菌有抑制作用，并有解热、利尿等作用。脾胃虚寒、食少便溏者不宜服用。

地骨皮

又名地辅、地骨、枸杞根、枸杞根皮。为茄科植物枸杞或宁夏枸杞的干燥根皮。枸杞：灌木，高1~2米。枝细长，常弯曲下垂，有棘刺。叶互生或簇生于短枝上，叶片长卵形或卵状披针形，长2~5厘米，宽0.5~1.7厘米，全缘，叶柄长2~10毫米。花1~4朵簇生于叶腋，花梗细；花萼钟状，3~5裂；花冠漏斗状，淡紫色，5裂，裂片与筒部几等长，裂片有缘毛；雄蕊5，子房2室。浆果卵形或椭圆状卵形，长0.5~1.5厘米，红色，内有多数种子，肾形，黄包。宁夏枸杞：灌木或小乔木状，高达2.5厘米。叶长椭圆状披针形；花萼杯状，2~3裂，稀4~5裂；花冠粉红色或紫红色，筒部较裂片稍长，裂片无缘毛。浆果宽椭圆形，长1~2厘米。根皮呈筒状、槽状，少数为卷片状。长3~10厘米，直径0.5~1.5厘米，厚1~3毫米。外表面灰黄色或土棕黄色，粗糙，具不规则裂纹，易成鳞片状剥落。生长于田野或山坡向阳干燥处，有栽培。主产于河北、河南、陕西、四川、江苏、浙江等地。春初或秋后采挖根部，洗净。剥取根皮，晒干。甘，寒。归肺、肝、肾经。凉血除蒸，清肺降火。用于阴虚潮热，骨蒸盗汗，肺热咳嗽，咯血，衄血，内热消渴。9~15克，煎服。本品含桂皮酸和多量酚类物质，甜菜碱，尚分离到β-谷甾醇、亚油酸、亚麻酸和卅一酸等。此外，又从地骨皮中分得降压生物碱苦柯碱A（又名地骨皮甲素）以及枸杞素A和B。地骨皮的乙醇提取物、水提取物及乙醚残渣水提取物、甜菜碱等均有较强的解热作用。地骨皮煎剂及浸膏具有降血糖和降血脂作用。地骨皮浸剂、煎剂、酊剂及注射剂均有明显降压作用且能伴有心率减慢。地骨皮水煎剂有免疫调节作用，又有抗微生物作用，其对伤寒杆菌、甲型副伤寒杆菌及福氏痢疾杆菌有较强的抑制作用，对流感亚洲甲型京科68-1病毒株有抑制其致细胞病变作用。此外，100%地骨皮注射液对离体子宫有兴奋作用。地骨皮的70%乙醇渗滤法提取物，可明显提高痛阈，对物理性、化学性疼痛有明显的抑制作用。外感风寒发热及脾虚便溏者不宜用。

银柴胡

又名银胡、土参、山菜根、牛肚根、沙参儿、银夏柴胡。为石竹科植物银柴胡的干燥根。多年生草本，高20～40厘米。主根圆柱形，根头部具多数疣状突起的茎部残基。茎直立，上部二凡状分枝，节略膨大。叶对生，无柄，叶片披针形，长5～30毫米，宽1.5～4毫米，全缘。二歧聚伞花序，花瓣5，白色，先端二裂。蒴果近球形，外被宿萼，成熟时顶端6齿裂。根类圆柱形，偶有分枝，长15～40厘米，直径1～2.5厘米。根头部有多数茎的残基，呈疣状突起，习称"珍珠盘"。表面淡黄色或灰黄色，有明显的纵皱纹，常向一方扭转。有凹陷的须根痕，习称"砂眼"。生长于干燥的草原、悬岩的石缝或碎石中。主产于宁夏、甘肃、陕西等地。春、夏间植株萌发或秋后茎叶枯萎时采挖；栽培品于种植后第三年9月中旬或第四年4月中旬采挖，除去残茎、须根及泥沙，晒干。甘，微寒。归肝、胃经。清虚热，除疳热。用于阴虚发热；骨蒸劳热，小儿疳热。3～10克，煎服。本品含甾体类、黄酮类、挥发性成分及其他物质。本品有解热作用；还能降低主动脉类脂质的含量，有抗动脉粥样硬化作用。此外，本品还有杀精子作用。外感风寒、血虚无热者忌用。

胡黄连

又名胡连、假黄连、割孤露泽。为玄参科植物胡黄连的干燥根茎。西藏胡黄连：多年生草本，根茎粗壮。叶近基生，常集成莲座状，匙形或倒披针形，长2～7厘米，宽1.5～2.5厘米，边缘具粗锯齿，干时变黑，花葶直立，密集成穗状的圆锥花序，花冠深紫色，具短筒，上唇向前弯曲作盔状，下唇3裂片长达上唇之半；雄蕊4枚。蒴果长卵形。印度胡黄连：叶先端尖，花冠筒较短，先端5裂片几相等，雄蕊4，伸出花冠很远。根茎呈圆柱形，略弯曲、长3～10厘米，直径0.3～1.4厘米。生长于沟边、砂砾地或高山草甸。西藏胡黄连主产于西藏南部，云南西北部及

四川西部。印度胡黄连主产于西马拉亚山地区，尼泊尔及印度。秋季采挖，除去须根及泥沙，晒干。苦，寒。归肝、胃、大肠经。退虚热，除疳热，清湿热。用于骨蒸潮热，小儿疳热，湿热泻痢，黄疸尿赤，痔疮肿痛。3～10克，煎服。本品主要含有环烯醚萜苷及少量生物碱，酚酸及其糖苷，少量甾醇等。本品的根提取物有明显的利胆作用，能明显增加胆汁盐、胆酸和脱氧胆酸的排泌，具有抗肝损伤的作用。胡黄连中所含有的香荚兰乙酮对平滑肌有收缩作用，对各种痉挛剂引起的平滑肌痉挛又具有拮抗作用。胡黄连水浸剂在试管内对多种皮肤真菌有不同程度抑制作用。此外，胡黄连苷Ⅰ、Ⅱ，香草酸，香荚兰乙酮对酵母多糖引起的PMN白细胞的化学反应发生和自由基的产生有抑制作用。脾胃虚寒者慎用。

大黄

又名黄良、将军、肤如、川军、锦纹大黄。为蓼科植物掌叶大黄、唐古特大黄或药用大黄的干燥根及根茎。掌叶大黄：多年生高大草本。叶多根生，根生具长柄，叶片广卵形，3~5深裂至叶片1/2处。茎生叶较小，互生。花小紫红色，圆锥花序簇生。瘦果三角形有翅。唐古特大黄：与上种相似，不同之处在于叶片分裂极深，裂

片成细长羽状。花序分枝紧密。常向上贴于茎。药用大黄：叶片浅裂达1/4处。花较大，黄色。生长于山地林缘半阴湿的地方。主产于四川、甘肃、青海、西藏等地。秋末茎叶枯萎或次春发芽前采挖，除去细根，刮去外皮，切瓣或段，绳穿成串干燥或直接干燥。苦，寒。归脾、胃、大肠、肝、心包经。泻下攻积，清热泻火，凉血解毒，逐瘀通经，利湿退黄。用于实热积滞便秘，血热吐衄，目赤咽肿，痈肿疔疮，肠痈腹痛，淤血经闭，产后淤阻，跌打损伤，湿热痢疾，黄疸尿赤，淋证，水肿；外治水火烫伤。酒大黄善清上焦血分热毒，用于目赤咽肿、齿龈肿痛。熟大黄泻下力缓，泻火解毒，用于火毒疮疡。大黄炭凉血化淤止血，用于血热有瘀出血症。3~15克，用于泻下不宜久煎。外用：适量，研末调敷患处。主要为蒽醌衍生物，主要包括蒽醌苷和双蒽醌苷。双蒽醌苷中有番泻苷A、B、C、D、E、F；游离型的苷元有大黄酸、大黄酚、大黄素、芦荟大黄素、大黄素甲醚等。另含鞣质类物质、有机酸和雌激素样物质等。大黄能增加肠蠕动，抑制肠内水分吸收，促进排便。大黄有抗感染作用，对多种革兰阳性和阴性细菌均有抑制作用，其中最敏感的为葡萄球菌和链球菌，其次为白喉杆菌、伤寒和副伤寒杆菌、肺炎双球菌、痢疾杆菌等；对流感病毒也有抑制作用。由于鞣质所致，故泻后又有便秘现象。有利胆和健胃作用。此外，还有止血、保肝、降压、降低血清胆固醇等作用。本品为峻烈攻下之品，易伤正气，如非实证，不宜妄用；本品苦寒，易伤胃气，脾胃虚弱者慎用；其性沉降，且善活血祛瘀，故妇女怀孕、月经期、哺乳期应忌用。

番泻叶

又名泻叶、泡竹叶、旃那叶。为豆科植物狭叶番泻或尖叶番泻的干燥小叶。狭叶番泻：矮小灌木，高约1米。叶互生，偶数羽状复叶，小叶4～8对。总状花序，花黄色。荚果扁平长方形，长4～6厘米，宽1～1.7厘米，含种子6～7枚。尖叶番泻：与上不同点为小叶基部不对称。荚果宽2～2.5厘米，含种子8枚。野生或栽培，原产于干热地带。适宜生长的平均气温有低于10℃的日数应有180～200天。土壤要求疏松、排水良好的沙质土或冲积土，土壤微酸性或中性为宜。前者主产于印度、埃及和苏丹，后者主产于埃及，我国广东、广西及云南亦有栽培。通常于9月采收，晒干，生用。甘、苦，寒。归大肠经。泻热行滞，通便，利水。用于热结积滞，便秘腹痛，水肿胀满。2～6克，入煎剂宜后下，或开水泡服。狭叶番泻叶和尖叶番泻叶均含番泻苷、芦荟大黄素葡萄糖苷、大黄酸葡萄糖苷以及芦荟大黄素、大黄酸、山柰酚、植物甾醇及其苷等。番泻叶中含蒽醌衍生物，其泻下作用及刺激性比含蒽醌类之其他泻药更强，因而泻下时可伴有腹痛。其有效成分主要为番泻苷A、B，经胃、小肠吸收后，在肝中分解，分解产物经血行而兴奋骨盆神经节以收缩大肠，引起腹泻。蒽醌类对多种细菌（葡萄球菌、大肠杆菌等）及皮肤真菌有抑制作用。不良反应：大剂量服用，有恶心、呕吐、腹痛等副作用。妇女哺乳期、月经期及孕妇忌用。

芦荟

又名奴会、卢会、象胆、讷会、劳伟。为百合科植物库拉索芦荟的汁液经浓缩的干燥物。习称"老芦荟"。多年生草本。茎极短。叶簇生于茎顶，直立或近于直立，肥厚多汁；呈狭披针形，长15~36厘米，宽2~6厘米，先端长渐尖，基部宽阔，粉绿色，边缘有刺状小齿。花茎单生或稍分枝，高60~90厘米；总状花序疏散；花点垂，长约2.5厘米，黄色或有赤色斑点；花被管状，6裂，裂片稍外弯；雄蕊6，花药丁字着生；雌蕊1，3室，每室有多数胚珠。蒴果，三角形，室背开裂。花期2~3月。生长于排水性能良好、不易板结的疏松土质中。福建、台湾、广东、广西、四川、云南等地有栽培。将采收的鲜叶片切口向下直放于盛器中，取其流出的液汁使之干燥即成；也可将叶片洗净，横切成片，加入与叶同等量的水，煎煮2~3小时，过滤，将过滤液倒入模型内烘干或曝晒干，即得芦荟膏。苦，寒。归肝、胃、大肠经。泻下通便，清肝泻火，杀虫疗疳。用于热结便秘，惊痫抽搐，小儿疳积；外治湿癣。2~5克，宜入丸、散。外用：适量，研末敷患处。含芦荟大黄素苷、对香豆酸、少量α-葡萄糖、多种氨基酸等。并含微量挥发油。芦荟蒽醌衍生物具有刺激性

泻下作用，伴有显著腹痛和盆腔充血，严重时可引起肾炎。其提取物有抑制S180肉瘤和艾氏腹水癌的生长，并对离体蟾蜍心脏有抑制作用。水浸剂对多种皮肤真菌和人型结核杆菌有抑制作用。脾胃虚弱、食少便溏者及孕妇忌用。

火麻仁

又名麻仁、火麻、线麻子、大麻仁。为桑科植物大麻的干燥成熟果实。一年生直立草本，高1~3米。掌状叶互生或下部对生，全裂，裂片3~11枚，披针形至条状披针形，下面密被灰白色毡毛。花单性，雌雄异株；雄花序为疏散的圆锥花序，黄绿色，花被片5；雌花簇生于叶腋，绿色，每朵花外面有一卵形苞片。瘦果卵圆形，质硬，灰褐色，有细网状纹，为宿存的黄褐色苞片所包裹。生长于土层深厚、疏松肥沃、排水良好的沙质土壤或黏质土壤。主产于东北、华北、华东、中南等地。秋季果实成熟时采收，除去杂质，晒干。甘，平。归脾、胃、大肠经。润肠通便。用于血虚津亏，肠燥便秘。10~15克，煎服。打碎入煎。主要含脂肪油约30%，油中含有大麻酚、植酸。有润滑肠道的作用，同时在肠中遇碱性肠液后产生脂肪酸，刺激肠壁，使蠕动增强，从而达到通便作用。本品还能降低血压以及阻止血脂上升。火麻仁大量食入，可引起中毒。

郁李仁

又名郁子、山梅子、郁里仁、小李仁、李仁肉。为蔷薇科植物欧李、郁李或长柄扁桃的干燥成熟种子。前二种习称"小李仁"，后一种习称"大李仁"。欧李：落叶灌木，高1~1.5米，树皮灰褐色，多分枝，小枝被柔毛。叶互生，叶柄短，叶片长圆形或椭圆状披针形，长2.5~5厘米，宽2厘米，先端尖，基部楔形，边缘有浅细锯齿，下面沿主脉散生短柔毛；托叶线形，边缘有腺齿，早落。花与叶同时开放，单生或2朵并生，花梗有稀疏短柔毛；花萼钟状，萼片5，花后反折；花瓣5，白色或粉红色，倒卵形，长4~6毫米；雄蕊多数，花丝线形，雌蕊1，子

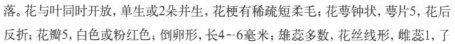

房近球形，1室。核果近球形，直径约1.5厘米，熟时鲜红色，味酸甜。核近球形，顶端微尖，表面有1~3条沟。种子卵形稍扁。郁李：与上种相似，唯小枝纤细，无毛。叶卵形或宽卵形，先端长尾状，基部圆形，边缘有锐重锯齿。核果暗红色，直径约1厘米。长柄扁桃：本种与上种形态相似，但灌木较矮小，高仅1~2米；叶片先端常不分裂，边缘具不整齐粗锯齿；核宽卵形，先端具小突尖头，表面平滑或稍有皱纹。花期5月，果期7~8月。生长于荒山坡或沙丘边。主产于黑龙江、吉林、辽宁、内蒙古、河北、山东等地。夏、秋二季采收成熟果实，除去果肉及核壳，取出种子，干燥。辛、苦、甘、平。归脾、大肠、小肠经。润燥滑肠，下气利水。用于津枯肠燥，食积气滞，腹胀便秘，水肿，脚气，小便不利。6~10克，煎服。打碎入煎。含苦杏仁苷、脂肪油、挥发性有机酸、皂苷、植物甾醇等。具润滑性缓泻作用，并对实验动物有显著降压作用。孕妇慎用。

松子仁

　　又名松子、红果松、海松子、麻罗松子。为松科植物红松的种仁。常绿针叶乔木。幼树树皮灰红褐色，皮沟不深，近平滑，鳞状开裂，内皮浅驼色，裂缝呈红褐色，大树树干上部常分杈。心边材区分明显。边材浅驼色带黄白，常见青皮；心材黄褐色微带肉红，故有红松之称。枝近平展，树冠圆锥形，冬芽淡红褐色，圆柱状卵形。针叶5针一束，长6~12厘米，粗硬，树脂道3个，叶鞘早落，球果圆锥状卵形，长9~14厘米，径6~8厘米，种子大，倒卵状三角形。花期6月，球果翌年9~10月成熟。生长于湿润的缓山坡或排水良好的平坦地，多与阔叶树成混交林。主产于东北。果实成熟后采收，晒干，去硬壳取出种子。甘，温。归肺、肝、大肠经。润肠通便，润肺止咳。5~10克，煎服，或入膏、丸。含脂肪油74%，主要为油酸酯、亚油酸酯。另尚含掌叶防己碱、蛋白质、挥发油等。松子内含有大量的不饱和脂肪酸，常食松子，可以强身健体，特别对老年体弱、腰痛、便秘、眩晕、小儿生长发育迟缓均有补肾益气、养血润肠、滋补健身的作用。脾虚便溏、湿痰者慎用。

甘遂

又名陵泽、陵藁、重泽、苦泽、甘泽、猫儿眼根、肿手花根。为大戟科植物甘遂的干燥块根。多年生草木，高25～40厘米，全株含白色乳汁。茎直立，下部稍木质化，淡红紫色，下部绿色，叶互生，线状披针形或披针形，先端钝，基部宽楔形或近圆形，下部叶淡红紫色。杯状聚伞花序，顶生，稀腋生，总苞钟状，先端4裂，腺体4，花单性，无花被；雄花雄蕊1枚，雌花花柱3，每个柱头2裂。蒴果近球形。生长于低山坡、沙地、荒坡、田边和路旁等。主产于陕西、河南、山西等地。春季开花前或秋末茎叶枯萎后采挖，撞去外皮，晒干。苦，寒；有毒。归肺、肾、大肠经。泻水逐饮，消肿散结。用于水肿胀满，胸腹积水，痰饮积聚，气逆喘咳，二便不利，风痰癫痫，痈肿疮毒。0.5～1.5克，炮制后多入丸散用。外用：适量，生用。含四环三萜类化合物α-和γ-大戟醇、甘遂醇、大戟二烯醇；此外，尚含棕榈酸、柠檬酸、鞣质、树脂等。甘遂能刺激肠管，增加肠蠕动，造成峻泻。生甘遂作用较强，毒性亦较大，醋制后其泻下作用和毒性均有减轻。甘遂萜酯A、B有镇痛作用。甘遂的乙醇提取物给妊娠豚鼠腹腔或肌内注射，均有引产作用。甘遂的粗制剂对小鼠免疫系统的功能表现为明显的抑制作用。所含甘遂素A、B有抗白血病的作用。虚弱者及孕妇忌用。不宜与甘草同用。

京大戟

又名大戟、龙虎草、将军草、膨胀草、震天雷。为大戟科植物大戟的干燥根。多年生草本，全株含乳汁。茎直立，被白色短柔毛，上部分枝。叶互生，长圆状披针形至披针形，长3~8厘米，宽5~13毫米，全缘。伞形聚伞花序顶生，通常有5伞梗，腋生者多只有工梗，伞梗顶生1杯状聚伞花序，其基部轮生卵形或卵状披针形苞片5，杯状聚伞花序总苞坛形，顶端4裂，腺体椭圆形；雄花多数，雄蕊1；雌花1，子房球形，3室，花柱3，顶端2浅裂。蒴果三棱状球形，表面有疣状突起。花期4~5月，果期6~7月。生长于山坡、路旁、荒地、草丛、林缘及疏林下。主产于江苏、四川、江西、广西等地。秋、冬二季采挖，洗净，晒干。生用或醋制用。苦，寒；有毒。归肺、脾、肾经。泻水逐饮，消肿散结。用于水肿胀满，胸腹积水，痰饮积聚，气逆喘咳，二便不利，痈肿疮毒，瘰疬痰核。1.5~3克，煎服。入丸散服，每次1克，外用：适量，生用。内服醋制用，以减低毒性。含大戟苷、生物碱、树胶、树脂等。本品乙醚和热水提取物有刺激肠管而导泻的作用。对妊娠离体子宫有兴奋作用。能扩张毛细血管，对抗肾上腺素的升压作用。虚弱者及孕妇忌用，不宜与甘草同用。

芫花

又名儿草、赤芫、败花、毒鱼、杜芫、头痛花、闹鱼花、棉花条。为瑞香科植物芫花的干燥花蕾。为落叶灌木，幼枝密被淡黄色绢毛，柔韧。单叶对生，稀互生，具短柄或近无柄。叶片长椭圆形或卵状披针形，长2.5~5厘米，宽0.5~2厘米，先端急尖，基部楔形，幼叶下面密被淡黄色绢状毛。花先叶开放，淡紫色或淡紫红色，3~7朵排成聚伞花丛，顶生及腋生，通常集于枝顶；花被筒状，长1.5厘米，外被绢毛，裂片4，卵形，约为花全长的1/3；雄蕊8枚，2轮，分别着生于花被筒中部及上部；子房密被淡黄色柔毛。核果长圆形，白色。生长于路旁及山坡林间。分布于长江流域以南及山东、河南、陕西。春季花未开放前采摘，晒干。生用或醋制用。苦、辛，温；

有毒。归肺、脾、肾经。泻水逐饮；外用杀虫疗疮。用于水肿胀满，胸腹积水，痰饮积聚，气逆喘咳，二便不利；外治疥癣秃疮，痈肿，冻疮。1.5~3克，醋芫花研末吞服，一次0.6~0.9克，每日1次。外用：适量。本品含芫花酯甲、乙、丙、丁、戊，芫花素，羟基芫花素，芹菜素及谷甾醇；另含苯甲酸及刺激性油状物。芫花素能刺激肠黏膜引起剧烈的水泻和腹痛。口服芫花煎剂可引起尿量增加，排钠量亦有增加。醋制芫花的醇水提取物，对肺炎杆菌、溶血性链球菌、流行性感冒杆菌有抑制作用，水浸液对黄癣菌、大芽孢菌、铁锈色小芽孢菌、星状皮癣菌等皮肤真菌有抑制作用，芫花素能引起狗的子宫收缩；芫花还有镇静、镇咳、祛痰作用。虚弱者及孕妇忌用。不宜与甘草同用。

商陆

　　又名章陆、当陆、章柳根、山萝卜、见肿消。为商陆科植物商陆或垂序商陆的干燥根。多年生草本，全株光滑无毛。根粗壮，圆锥形，肉质，外皮淡黄色，有横长皮孔，侧根甚多。茎绿色或紫红色，多分枝。单叶互生，具柄，柄的基部稍扁宽；叶片卵状椭圆形或椭圆形，先端急尖或渐尖，基部渐狭，全缘。总状花序生于枝端或侧生于茎上，花序直立；花初为白色后渐变为淡红色。浆果，扁圆状，有宿萼，熟时呈深红紫色或黑色。种子肾形黑色。生长于路旁疏林下或栽培于庭园。分布于全国大部分地区。秋季至次春采挖，除去须根及泥沙，切成块或片，晒干或阴干。苦，寒；有毒。归肺、脾、肾、大肠经。逐水消肿，通利二便；外用解毒散结。用于水肿胀满，二便不利；外治痈肿疮毒。3～9克，外用：适量，煎汤熏洗。

　　含商陆碱、三萜皂苷、加利果酸、甾族化合物、生物碱和大量硝酸钾。本品有明显的祛痰作用；生物碱部分有镇咳作用；其根提取物有利尿作用。有研究表明，本品的利尿作用与其剂量有关，小剂量利尿，而大剂量反使尿量减少；对痢疾杆菌、流感杆菌、肺炎双球菌及部分皮肤真菌有不同程度的抑制作用。孕妇忌用。

牵牛子

又名白丑、黑丑、白牵牛、黑牵牛、喇叭花。为旋花科植物裂叶牵牛或圆叶牵牛的干燥成熟种子。裂叶牵牛：一年生缠绕性草质藤本。全株密被粗硬毛。叶互生，近卵状心形，叶片3裂，具长柄。花序有花1~3朵，总花梗稍短于叶柄，腋生；萼片5，狭披针形，中上部细长而尖，基部扩大，被硬毛；花冠漏斗状，白色、蓝紫色或紫红色，顶端5浅裂。蒴果球形，3室，每室含2枚种子。圆叶牵牛：与上种区别为茎叶被密毛；叶阔心形，常不裂，总花梗比叶柄长。萼片卵状披针形，先端短尖。种子呈三棱状卵形，似橘瓣状。长约4~8毫米，表面黑灰色（黑丑）或淡黄白色（白丑），背面正中有纵直凹沟，两侧凸起部凹凸不平，腹面棱线下端有类圆形浅色的种脐。生长于山野灌木丛中、村边、路旁；多栽培。全国各地均有分布。秋末果实成熟、果壳未开裂时采割植株，晒干，打下种子，除去杂质。苦，寒；有毒。归肺、肾、大肠经。泻水通便，消痰涤饮，杀虫攻积。用于水肿胀满，二便不通，痰饮积聚，气逆喘咳，虫积腹痛。3~6克，煎服，或入丸、散服，每次1.5~3克，本品炒用药性减缓。含牵牛子苷、牵牛子酸甲、没食子酸及生物碱麦角醇、裸麦角碱、喷尼棒麦角碱、异喷尼棒麦角碱、野麦碱。牵牛子苷在肠内遇胆汁及肠液分解出牵牛子素，刺激肠道，增进蠕动，导致强烈的泻下；其黑丑、白丑泻下作用无区别。在体外实验，黑丑、白丑对猪蛔虫尚有一定驱虫效果。孕妇忌用。不宜与巴豆、巴豆霜同用。

巴豆

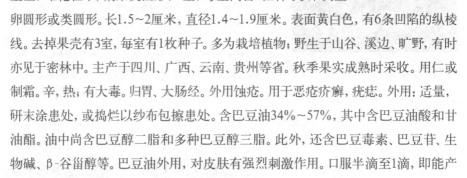

　　又名巴菽、巴米、巴果、贡仔、刚子、江子、八百力、毒点子。为大戟科植物巴豆的干燥成熟果实。常绿小乔木。叶互生，卵形至矩圆状卵形，顶端渐尖，两面被稀疏的星状毛，近叶柄处有2腺性。花小，成顶生的总状花序，雄花生上，雌花在下；蒴果类圆形，3室，每室内含1粒种子。果实呈卵圆形或类圆形。长1.5~2厘米，直径1.4~1.9厘米。表面黄白色，有6条凹陷的纵棱线。去掉果壳有3室，每室有1枚种子。多为栽培植物；野生于山谷、溪边、旷野，有时亦见于密林中。主产于四川、广西、云南、贵州等省。秋季果实成熟时采收。用仁或制霜。辛，热；有大毒。归胃、大肠经。外用蚀疮。用于恶疮疥癣，疣痣。外用：适量，研末涂患处，或捣烂以纱布包擦患处。含巴豆油34%~57%，其中含巴豆油酸和甘油酯。油中尚含巴豆醇二脂和多种巴豆醇三脂。此外，还含巴豆毒素、巴豆苷、生物碱、β-谷甾醇等。巴豆油外用，对皮肤有强烈刺激作用。口服半滴至1滴，即能产

生口腔、咽及胃黏膜的烧灼感及呕吐，短时期内可有多次大量水泻，伴有剧烈腹痛和里急后重；巴豆煎剂对金黄色葡萄球菌、白喉杆菌、流感杆菌、绿脓杆菌均有不同程度的抑制作用；巴豆油有镇痛及促血小板凝集作用。巴豆提取物对小鼠腹水型与艾氏腹水癌有明显抑制作用；巴豆油、巴豆树脂和巴豆醇脂类有弱性致癌活性。孕妇及体弱者忌用。不宜与牵牛子同用。

千金子

又名联步、小巴豆、续随子、千两金、菩萨豆。为大戟科植物续随子的干燥成熟种子。二年生草本；高达1米，全株表面微被白粉，含白色乳汁；茎直立，粗壮，无毛，多分枝。单叶对生，茎下部叶较密而狭小，线状披针形，无柄；往上逐渐增大，茎上部叶具短柄，叶片广披针形，长5~15厘米，基部略呈心形而多少抱茎，全缘。花单性，成圆球形杯状聚伞花序，再排成聚伞花序；各小聚伞花序有卵状披针形苞片2枚，总苞杯状，4~5裂；裂片三角状披针形，腺体4，黄绿色，肉质，略成新月形；雄花多数，无花被，每花有雄蕊1枚，略长于总苞，药黄白色；雌花1朵，子房三角形，3室，每室具一胚珠，花柱3裂。蒴果近球形。生长于向阳山坡，各地也有野生。主产于河南、浙江、河北、四川、辽宁、吉林等地。夏、秋二季果实成熟时采收，除去杂质，干燥。辛，温；有毒。归肝、肾、大肠经。泻下逐水，破血消；外用疗癣蚀疣。用于二便不通，水肿，痰饮，积滞胀满，血瘀经闭；外治顽癣，疣赘。1~2克，去壳，去油用，多入丸、散服。外用：适量，捣烂敷患处。含脂肪油40%~50%，油中含毒性成分，油中分离出千金子甾醇、巨

大戟萜醇-20-棕榈酸酯等含萜的酯类化合物，又含白瑞香素、续随子素、马栗树皮苷等。种子中的脂肪油，新鲜时无味，无色，但很快变恶臭而有强辛辣味，对胃肠有刺激，可产生峻泻，作用强度为蓖麻油的3倍，致泻成分为千金子甾醇。孕妇及体弱便溏者忌服。

独活

  又名独滑、大活、川独活、胡王使者、巴东独活。为伞形科植物重齿毛当归的干燥根。重齿毛当归为多年生草本，高60~100厘米，根粗大。茎直立，带紫色。基生叶和茎下部叶的叶柄细长，基部成鞘状；叶为2~3回3出羽状复叶，小叶片3裂，最终裂片长圆形，两面均被短柔毛，边缘有不整齐重锯齿；茎上部叶退化成膨大的叶鞘。复伞形花序顶生或侧生，密被黄色短柔毛，伞幅10~25，极少达45，不等长；小伞形花序具花15~30朵；小总苞片5~8；花瓣5，白色，雄蕊5；子房下位。双悬果背部扁平，长圆形，侧棱翅状，分果槽棱间有油管1~4个，合生面有4~5个。生长于山谷沟边或草丛中，有栽培。主产于湖北、四川等地。春初苗刚发芽或秋末茎叶枯萎时采挖，除去须根及泥沙，烘至半干，堆置2~3日，发软后再烘至全干。辛、苦，微温。归肾、膀胱经。祛风除湿，通痹止痛。用于风寒湿痹，腰膝疼痛，少阴伏风头痛，风寒挟湿头痛。3~10克，煎服。外用：适量。本品含二氢山芹醇及其乙酸酯，欧芹酚甲醚，异欧前胡内酯，香柑内酯，花椒毒素，二氢山芹醇当归酸酯，二氢山芹醇葡萄糖苷，毛当归醇，当归醇D、G、B，γ-氨基丁酸及挥发油等。独活有抗炎、镇痛及镇静作用；对血小板聚集有抑制作用；并有降压作用，但不持久；所含香柑内酯、花椒毒素等有光敏及抗肿瘤作用。本品辛温燥散，凡非风寒湿邪而属气血不足之痹症者忌用。

威灵仙

　　又名灵仙、黑须根、黑骨头、铁脚威灵仙、黑脚威灵仙。为毛茛科植物威灵仙、棉团铁线莲或东北铁线莲的干燥根及根茎。为藤本，干时地上部分变黑。根茎丛生多数细根。叶对生，羽状复叶，小叶通常5片，稀为3片，狭卵形或三角状卵形，长1.2～6厘米，宽1.3～3.2厘米，全缘，主脉3条。圆锥花序顶生或腋生；萼片4（有时5）花瓣状，白色，倒披针形，外被白色柔毛；雄蕊多数；心皮多数，离生，被毛。瘦果，扁卵形，花柱宿存，延长成羽毛状。根茎呈圆柱状，表面淡棕黄色，上端残留茎基，下侧着生多数细根。生长于山谷、山坡或灌木丛中。主产于江苏、浙江、江西、安徽、四川、贵州、福建、广东、广西等地。秋季采挖，除去泥沙，晒干。辛、咸，温。归膀胱经。祛风湿，通经络。用于风湿痹痛，肢体麻木，筋脉拘挛，屈伸不利。6～10克，煎服。外用：适量。本品含原白头翁素，白头翁内酯，甾醇，糖类，皂苷等。威灵仙有镇痛、抗利尿、抗疟、降血糖、降血压、利胆等作用；原白头翁素对革兰阳性及阴性菌和真菌都有较强的抑制作用；煎剂可使食管蠕动节律增强，频率加快，幅度增大，能松弛肠平滑肌；醋浸液对鱼骨刺有一定软化作用，并使咽及食道平滑肌松弛，增强蠕动，促使骨刺松脱；其醇提取物有引产作用。本品辛散走窜，气血虚弱者慎服。

川乌

又名乌头、草乌、五毒、乌喙、铁花、鹅儿花。为毛茛科植物乌头的干燥母根。多年生草木，高60~150厘米。主根纺锤形倒卵形，中央的为母根，周围数个根（附子）。叶片五角形，3全裂，中央裂片菱形，两侧裂片再2深裂。总状圆锥花序狭长，密生反曲的微柔毛，片5，蓝紫色（花瓣状），上裂片高盔形，侧萼片近圆形；花瓣退化，其中两

枚变成蜜叶，紧贴盔片下有长爪，距部扭曲；雄蕊多数分离，心皮3~5，通常有微柔毛。荚果，种子有膜质翅。生长于山地草坡或灌木丛中。主产丁四川、陕西等地。6月下旬至8月上旬采挖，除去子根、须根及泥沙，晒干。辛、苦、热。有大毒。归心、肝、肾、脾经。祛风除湿，温经止痛。用于风寒湿痹，关节疼痛，心腹冷痛，寒疝作痛及麻醉止痛。一般炮制后用。本品含多种生物碱：如乌头碱，次乌头碱，中乌头碱，消旋去甲乌药碱，酯乌头碱，酯次乌头碱，酯中乌头碱，3-去氧乌头碱，多根乌头碱，新乌宁碱，川附宁，附子宁碱，森布宁A、B，北草乌碱，惰碱，塔拉胺，异塔拉定，

以及乌头多糖A、B、C、D等。川乌有明显的抗炎、镇痛作用，有强心作用，但剂量加大则引起心律失常，终致心脏抑制；乌头碱可引起心律不齐和血压升高，还可增强毒毛旋花子苷G对心肌的毒性作用，有明显的局部麻醉作用；乌头多糖有显著降低正常血糖作用；注射液对胃癌细胞有抑制作用。孕妇忌用；不宜与贝母类、半夏、白蔹、白及、天花粉、瓜蒌等同用；内服一般应炮制用，生品内服宜慎；酒浸、酒煎服易致中毒，应慎用。

木瓜

又名酸木瓜、秋木瓜、铁脚梨、贴梗海棠、皱皮木瓜。为蔷薇科植物贴梗海棠的干燥近成熟果实。习称"皱皮木瓜"。落叶灌木，高达2米，小枝无毛，有刺。叶片卵形至椭圆形，边缘有尖锐重锯齿；托叶大，肾形或半圆形，有重锯齿。花3~5朵簇生于两年生枝上，先叶开放，绯红色稀淡红色或白色；萼筒钟状，基部合生，无毛。梨果球形或长圆形，木质，黄色或带黄绿色，干后果皮皱缩。生长于山坡地、田边地角、房前屋后。主产于山东、河南、陕西、安徽、江苏、湖北、四川、浙江、江西、广东、广西等地。夏、秋二季果实绿黄时采收，置沸水中烫至外皮灰白色，对半纵剖，晒干。酸，温。归肝、脾经。舒筋活络，和胃化湿。用于湿痹拘挛，腰膝关节酸重疼痛，暑湿吐泻，转筋挛痛，脚气水肿。6~9克，煎服。本品含齐墩果酸、苹果酸、枸橼酸、酒石酸以及皂苷等。木瓜混悬液有保肝作用；新鲜木瓜汁和木瓜煎剂对肠道菌和葡萄球菌有明显的抑菌作用；其提取物对小鼠艾氏腹水癌及腹腔巨噬细胞吞噬功能有抑制作用。内有郁热、小便短赤者忌服。

伸筋草

又名狮子草、舒筋草、小伸筋、金毛狮子草。为石松科植物石松的干燥全草。多年生草本，高15～30厘米；匍匐茎蔓生，营养茎常为二歧分枝。叶密生，钻状线形，长3～5毫米，宽约1毫米，先端渐尖，具易落芒状长尾，全缘，中脉在叶背明显，无侧脉或小脉，孢子枝从第二第三年营养枝上长出，远高出营养枝，叶疏生。孢子囊穗长2～5厘米，单生或2～6个生于长柄上。孢子叶卵状三角形，先端急尖而具尖尾，有短柄，黄绿色，边缘膜质，具不规则锯齿，孢子囊肾形。生长于疏林下荫蔽处。主产于浙江、湖北、江苏等地。夏、秋二季茎叶茂盛时采收，除去杂质，晒干。微苦、辛，温。归肝、脾、肾经。祛风除湿，舒筋活络。用于关节酸痛，屈伸不利。3～12克，煎服。外用：适量。本品含石松碱，棒石松宁碱等生物碱，石松三醇，石松四醇酮等萜类化合物，β-谷甾醇等甾醇，及香草酸、阿魏酸等。伸筋草醇提取物有明显镇痛作用；水浸液有解热作用；其混悬液能显著延长戊巴比妥钠睡眠时间和增强可卡因的毒性反应；其透析液对实验性矽肺有良好的疗效；所含石松碱对小肠及子宫有兴奋作用。孕妇慎服。

寻骨风

  又名白面风、清骨风、黄木香。为马兜铃科植物棉毛马兜铃的根茎或全草。多年生草质藤本。根细长，圆柱形。嫩枝密被灰白色长棉毛。叶互生；叶柄长2~5厘米，密被白色长棉毛。叶片卵形、卵状心形，长3.5~10厘米，宽2.5~8厘米，先端钝圆至短尖，基部心形，两侧裂寻骨风片广展，弯缺深1~2厘米，边全缘，上面被糙伏毛，下面密被灰色或白色长棉毛，基出脉5~7条。花单生于叶腋；花梗长1.5~3厘米，直立或近顶端向下弯，小苞片卵形或长卵形，两面被毛；花被管中部急剧弯曲，弯曲处至檐部较下部而狭，外面密生白色长棉毛；檐部盘状，直径2~2.5厘米，内面无毛或稍微柔毛，浅黄色，并有紫色网纹，外面密生白色长棉毛，边缘浅3裂，裂片先端短尖或钝，喉部近圆形，紫色；花药成对贴生于合蕊柱近基部；子房圆柱形，密被白色长棉毛；合蕊柱近基部；子房圆珠笔柱形，密被白色长棉毛；合蕊柱裂片先端钝圆，边缘向下延伸，并具乳头状突起。蒴果长圆状或椭圆状倒卵形，具6条呈波状或扭曲的棱或翅，毛常脱落，成熟时自先端向下6瓣开裂。种子卵状三角形。花期4~6月，果期8~10月。生长于山坡草丛、路旁及田边。主产于河南、江苏、江西等地。夏、秋二季采收。晒干，切段，生用。辛、苦，平。归肝经。祛风湿，通络止痛。10~15克，煎服。外用：适量。本品含生物碱、挥发油及内酯等。寻骨风所含生物碱对大鼠关节炎有明显消肿作用；注射液有镇痛、抗炎、解热作用；有抑制艾氏腹水癌及抗早孕作用；煎剂对风湿性、类风湿性关节炎有较好的止痛、消肿、改善关节功能的作用。阴虚内热者忌用。

松节

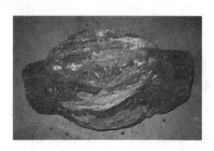

又名油松节、黄松木节。为松科植物油松、马尾松、赤松等枝干的结节。常绿乔木。针叶长13~20厘米，2枚一束，细柔；树脂管4~7个，边生；叶鞘宿存。花单性同株；雄球花丛生于当年枝顶端。球果卵形，熟时栗色，鳞盾平或略肥厚，微具横脊；鳞脐微凹，无刺尖。种子有翅。生长于山地。全国大部分地区有产。全年可采，晒干，切片，生用。苦、辛，温。归肝、肾经。祛风湿，通络止痛。10~15克，煎服。外用：适量。本品含木质素，少量挥发油（松节油）和树脂，尚含熊果酸，异海松酸等。松节有一定的镇痛、抗炎作用；提取的酸性多糖显示抗肿瘤作用；提取的多糖类物质、热水提取物、酸性提取物都具有免疫活性。阴虚血燥者慎服。

海风藤

又名风藤、巴岩香。为胡椒科植物风藤的干燥藤茎。为常绿木质藤本，全株有香气。茎枝长约3米，有条棱，具节，节上生不定根，幼枝疏被短柔毛。叶互生，卵形或卵状披针形，长5~8厘米，宽2~6厘米，先端渐尖，基部近圆形，上部叶有时基部近截形，全缘，质稍厚，无毛，上面暗绿色，下面淡绿色，有白色腺点，叶脉5~7条，叶柄长约1厘米。穗状花序与叶对生，花单性，无花被，雌雄异株，雄花序长3~5.5厘米，苞片盾状，雄蕊2枚；雌花序长1~2厘米；浆果近球形，褐黄色，直径3~4毫米。藤茎呈扁长圆柱形，微弯曲，长短不等。生长于深山的树林中或海岸。主产于广东、福建、台湾等地。夏、秋二季采割，除去根、叶，晒干，切厚片，生用。辛、苦，微温。归肝经。祛风湿，通经络，止痹痛。用于风寒湿痹，肢节疼痛，筋脉拘挛，屈伸不利。6~12克，煎服。外用：适量。本品含细叶青蒌藤素，细叶青蒌藤烯酮，细叶青蒌藤醌醇，细叶青蒌藤酰胺，β-谷甾醇，豆甾醇及挥发油等。海风藤能对抗内毒素性休克；能增加心肌营养血流量，降低心肌缺血区的侧枝血管阻力；可降低脑干缺血区兴奋性氨基酸含量，对脑干缺血损伤具有保护作用；能明显降低小鼠胚卵的着床率。酮类化合物有抗氧化作用，并拮抗血栓形成，延长凝血时间；酚类化合物、醇类化合物有抗血小板聚集作用。

青风藤

又名青藤、毛青藤。为防己科植物青藤及毛青藤的干燥根茎。多年生木质藤木，长可达20米，茎圆柱形，灰褐色，具细沟纹。叶互生，厚纸质或革质，卵圆形，先端渐尖或急尖，基部稍心形或近截形，全缘或3~7角状浅裂，上面绿色，下面灰绿色，近无毛。花单性异株，聚伞花

序排成圆锥状，花淡黄色。核果扁球形，熟时暗红色，种子半月形。生长于沟边、山坡林缘及灌丛中，攀援于树上或岩石上。主产于长江流域及其以南各地。秋末冬初采割，晒干，切片，生用。苦、辛，平。归肝、脾经。祛风湿，通经络，利小便。用于风湿痹痛，关节肿胀，麻痹瘙痒。6~12克，煎服。外用：适量。本品藤茎及根含青风藤碱，青藤碱，尖防己碱，N-去甲尖防己碱，白兰花碱，光千金藤碱，木兰花碱，四氢表小檗碱，异青藤碱，土藤碱，豆甾醇，β-谷甾醇，消旋丁香树脂酚及棕榈酸甲酯等。青藤碱有抗炎、镇痛、镇静、镇咳作用，对非特异性免疫、细胞免疫和体液免疫均有抑制作用，可使心肌收缩力、心率、舒张压、左心室收缩压、心脏指数、外周血

管阻力及心输出量显著下降，有抗心肌缺血、保护再灌注损伤的作用，对心律失常有明显拮抗作用。青风藤总碱的降压作用迅速、强大，多次给药不易产生快速耐受性，但青藤碱反复应用易出现快速耐受性。青风藤能抑制肠平滑肌的收缩，甲醇提取液能使子宫平滑肌收缩力增强、肌张力增高；尚有一定的降温和弱的催吐作用。注射青藤碱，能使血浆中组织胺含量上升。脾胃虚寒者慎服。

丁公藤

又名包公藤。为旋花科植物丁公藤或光叶丁公藤的干燥藤茎。攀援藤本。幼枝被密柔毛，老枝无毛。叶互生，革质，椭圆形、长圆形或倒卵形，长5～15厘米，宽2～6厘米，先端钝尖、急尖或短渐尖，基部楔形，全缘，干时显铁青色或暗绿色，下面有光泽，具小斑点。总状聚伞花序腋生或顶生，密被锈色短柔毛；花小，金黄色或黄白色；萼片5，外被褐色柔毛；花冠浅钟状，长9～10毫米，5深裂，裂片2裂，外被紧

贴的橙色柔毛；雄蕊5，着生在冠管上，花药卵状三角形，顶端锥尖；子房1室，胚珠4。浆果珠形，具宿萼。种子1粒。花期6～8月，果期8～10月。生长于山地丛林中，常攀援于树上。主产于广东等地。全年均可采收，切段或片，晒干。生用。辛，温。有小毒。归肝、脾、胃经。祛风除湿，消肿止痛。用于风湿痹痛，半身不遂，跌仆肿痛。3～6克，煎服，或配制酒剂，内服或外搽。本品主要含包公藤甲、乙、丙素，东莨菪苷，微量的咖啡酸及绿原酸等。丁公藤所含包公藤乙素有明显的抗炎及镇痛作用；包公藤甲素、丙素有显著的缩瞳作用；包公藤甲素具有强烈拟副交感神经作用及强心作用；丁公藤对细胞免疫和体液免疫均有促进作用，有强烈的发汗作用。虚弱者慎用，孕妇忌服。

昆明山海棠

　　又名火把花、断肠草、过山彪、紫金皮、洋道藤、掉毛草。为卫矛科植物昆明山海棠的根或全株。落叶蔓生或攀援状灌木，植株高2~3米，根圆柱状，红褐色。小枝有棱，红褐色，有圆形疣状突起，疏被短柔毛或近无毛。单叶互生；叶柄长约1厘米；叶片卵形或宽椭圆形，长6~12厘米，宽3~6厘米，先端渐尖，边缘有细锯齿，基部近圆形或宽楔形，上面绿色，下面粉白色。圆锥花序顶生，总花梗长10~15厘米；花小，白色，花萼5；花瓣5；雄蕊5，着生于花盘的边缘；子房上位，三棱形。翅果赤红色，具膜质的3翅。花期夏季。生长于山野向阳的灌木丛中或疏林下。产于云南、四川、贵州、广西、湖南、浙江、江西等地。全株全年可采，根秋季采挖，洗净，切片，晒干。生用。苦、辛，温。有大毒。归肝、脾、肾经。祛风湿，祛瘀通络，续筋接骨。根

6~15克，茎枝20~30克，煎服，宜先煎，或酒浸服。外用：适量。本品含雷公藤碱、次碱、晋碱、春碱，卫矛碱，雷公藤甲素、丙素，山海棠素，山海棠内酯，黑蔓酮酯甲，雷公藤三萜酸C、A，山海棠萜酸，齐墩果酸，3β-羟基-12-齐墩果烯-29-羧酸，齐墩果酸乙酸酯，雷公藤内酯A、B，雷酚萜醇，雷酚萜甲醚，山海棠酸，山海棠二萜内酯，3-氧代-无羁萜烷-29-羧酸，3β，22α-二羟基-12-齐墩果烯-29-羧酸，3β，22α-二羟基-12-熊果烯-30-羧酸，β-谷甾醇，以及棕榈酸，8，9-亚油酸，9-十八碳烯酸，9，12，15-十八碳三烯酸，L-表儿茶精等。昆明山海棠有免疫调节作用；有明显的抗炎效果；乙醇提取物有非常显著的抗生育作用，停药后可恢复其生育能力；有抗癌作用。孕妇及体弱者忌服。

雪上一枝蒿

　　又名一枝蒿、铁棒锤、三转半。为毛茛科植物短柄乌头、展毛短柄乌头、曲毛短柄乌头、宣威乌头、小白撑、铁棒槌、伏毛铁棒槌等的干燥块根。多年生草本，高50~70厘米。块根直立，纺锤状圆柱形，长5~8厘米，外皮棕黄色。茎直立，疏生反曲的短柔毛。叶互生，掌状3深裂、裂片又2~9深裂，再作深浅不等的细裂，最终小裂片线状披针形或线形，两面几无毛。茎下部叶具长柄，开花时枯萎，中部以上叶较密集，有短柄。总状花序顶生，花序轴被反曲短柔毛；花萼片5，蓝紫色，花瓣状，上萼片膨大呈帽状，高约2.5厘米；花瓣　对，有长爪，距短；雄蕊多数，不等长，花丝疏生短毛；子房3~5个，密被直而伸展的黄色长柔毛。果3~5个，种子多数。花期8~9月，果期9~10月。生长于高山草地、山坡及疏林下。主产于云南、四川等地。夏末秋初采挖，晒干。经水泡或童尿制后，漂净，切片用。苦，辛，温。有大毒。归肝经。祛风湿，活血止痛。0.02~0.04克，研末服。外用：适量。本品含雪上一枝蒿甲、乙、丙、丁、戊、己、庚素，乌头碱，次乌头碱，3-去氧乌头碱，3-乙酰乌头碱，雪乌碱，丽鲁碱，准噶尔乌头碱，欧乌头碱等。雪上一枝蒿甲、乙、丙、丁素均有镇痛作用，伏毛铁棒槌总生物碱的镇痛及局部麻醉作用较强；3-乙酰乌头碱是一种不成瘾镇痛剂，对炎性肿胀、渗出及棉球肉芽增生等均有明显的抑制作用；雪上一枝蒿对蛙心有近似洋地黄样作用，其所致心功能障碍，可被阿托品拮抗；雪上一枝蒿甲、乙素对心呈乌头碱样作用；宣威乌头有抗肿瘤作用；准噶尔乌头碱和欧乌头碱具有抗生育活性；伏毛铁棒槌总生物碱可引起心律失常和血压下降。内服须经炮制并严格控制剂量，孕妇、老弱、小儿及心脏病、溃疡病患者忌服。服药期间，忌食生冷、豆类、牛羊肉。

路路通

又名枫实、枫香果、九空子。为金缕梅科植物枫香树的干燥成熟果序。落叶乔木，高20~40米。树皮灰褐色，方块状剥落。叶互生；叶柄长3~7厘米；托叶线形，早落；叶片心形，常3裂，幼时及萌发枝上的叶多为掌状5裂，长6~12厘米，宽8~15厘米，裂片卵状三角形或卵路路通形，先端尾状渐尖，基部心形，边缘有细锯齿，齿尖有腺状突。花单性，雌雄同株，无花被；雄花淡黄绿色，成葇花序再排成总状，生于枝顶；雄蕊多数，花丝不等长；雌花排成圆球形的头状花序；萼齿5，钻形；子房半下位，2室，花柱2，柱头弯曲。头状果序圆球形，直径2.5~4.5厘米，表面有刺，蒴果有宿存花萼和花柱，两瓣裂开，每瓣2浅裂。种子多数，细小，扁平。花期3~4月，果期9~10月。生长于湿润及土壤肥沃的地方。全国大部分地区有产。冬季果实成熟后采收，除去杂质，干燥。生用。苦，平。归肝、肾经。祛风活络，利水，通经。用于关节痹痛，麻木拘挛，水肿胀满，乳少，经闭。5~10克，煎服。外用：适量。本品含28-去甲齐墩果酮酸，苏合香素，环氧苏合香素，异环氧苏合香素，氧化丁香烯，白桦脂酮酸，24-乙基胆甾-5-烯醇等。路路通对蛋清性关节炎肿胀有抑制作用；其甲醇提取物白桦脂酮酸有明显的抗肝细胞毒活性。月经过多及孕妇忌服。

秦艽

又名秦胶、左扭、大艽、西秦艽、左秦艽、萝卜艽。为龙胆科植物秦艽、麻花秦艽、粗茎秦艽或小秦艽的干燥根。前三种按性状不同分别习称"秦艽"和"麻花艽"，后一种习称"小秦艽"。多年生草本植物，高30~60厘米，茎单一，圆形，节明显，斜升或直立，光滑无毛。基生叶较大，披针形，先端尖，全缘，平滑无毛，茎生叶较小，对生，叶基联合，叶片平滑无毛。聚伞花序由多数花簇生枝头或腋生作轮状，花冠蓝色或蓝紫色。蒴果长椭圆形。种子细小，矩圆形，棕色，表面细网状，有光泽。生长于山地草甸、林缘、灌木丛与沟谷中。主产于陕西、甘肃等地。春、秋二季采挖，除去泥沙，晒软，堆置"发汗"至表面呈红黄色或灰黄色时，摊开晒干，或不经"发汗"直接晒干。辛、苦，平。归胃、肝、胆经。祛风湿，清湿热，止痹痛，退虚热。用于风湿痹痛，中风半身不遂，筋脉拘挛，骨节酸痛，湿热黄疸，骨蒸潮热，小儿疳积发热。3~10克，煎服。本品含秦艽碱甲、乙、丙，龙胆苦苷，当药苦苷，褐煤酸，褐煤酸甲酯，栎瘿酸，α-香树脂醇，β-谷甾醇等。秦艽具有镇静、镇痛、解热、抗炎作用；能抑制反射性肠液的分泌；能明显降低胸腺指数，有抗组织胺作用；对病毒、细菌、真菌皆有一定的抑制作用。秦艽碱甲能降低血压、升高血糖；龙胆苦苷能抑制四氯化碳所致转氨酶升高，具有抗肝炎作用。久痛虚羸，溲多，便滑者忌服。

防己

又名石解、解离、载君行。为防己科植物粉防己的干燥根。习称"汉防己"。木质藤本，主根为圆柱形。单叶互生，长椭圆形或卵状披针形，先端短尖，基部圆形，全缘，下面密被褐色短柔毛总状花序，有花1~3朵，被毛花被下部呈弯曲的筒状，长约5厘米，上部扩大，三浅裂，紫色带黄色斑纹，子房下位。蒴果长圆形，具6棱，种子多数。根呈圆柱形或半圆柱形，直径1.5~4.5厘米，略弯曲，弯曲处有横沟。表面粗糙，灰棕色或淡黄色质坚硬不易折断，断面粉性，可见放射状的木质部(俗称车轮纹)。生长于山野丘陵地、草丛或矮林边缘。主产于安徽、浙江、江西、福建等地。秋季采挖，洗净，除去粗皮，切段，粗根纵切两半，晒干。切厚片，生用。苦，寒。归膀胱、肺经。利水消肿，祛风止痛。用于风湿痹痛，水肿脚气，小便不利，湿疹疮毒。5~10克，煎服。汉防己含汉防己甲素及汉防己乙素、丙素等，也含黄酮甙、挥发油等。粉防己能明显增加排尿量。总碱及流浸膏或煎剂有镇痛作用。粉防己碱有抗炎作用；对心肌有保护作用，能扩张冠状血管，增加冠状动脉流量，有显著降压作用，能对抗心律失常；能明显抑制血小板聚集，还能促进纤维蛋白溶解，抑制凝血酶引起的血液凝固过程；对实验性矽肺有预防治疗作用；对子宫收缩有明显的松弛作用；低浓度的粉防己碱可使肠张力增加，节律性收缩加强，高浓度则降低张力、减弱节律性收缩；有抗菌和抗阿米巴原虫的作用；可使正常大鼠血糖明显降低，血清胰岛素明显升高；有一定抗肿瘤作用；对免疫有抑制作用；有广泛的抗过敏作用。本品大苦大寒易伤胃气，胃纳不佳及阴虚体弱者慎服。

桑枝

又名桑条。为桑科植物桑的干燥嫩枝。为落叶灌木或小乔木，高3~15米。树皮灰白色，有条状浅裂；根皮黄棕色或红黄色，纤维性强。单叶互生；叶柄长1~2.5厘米；叶片卵形或宽卵形，长5~20厘米，宽4~10厘米，先端锐尖或渐尖，基部圆形或近心形，边缘有粗锯齿或圆齿，有时有不规则的分裂，上面无毛，有光泽，下面脉上有短毛，腋间有毛，基出脉3条与细脉

交织成网状，背面较明显；托叶披针形，早落。花单性，雌雄异株；雌、雄花序均排列成穗状荑花序，腋生；雌花序长1~2厘米，被毛，总花梗长5~10毫米；雄花序长1~2.5厘米，下垂，略被细毛；雄花具花被片4，雄蕊4，中央有不育的雌蕊；雌花具花被片4，基部合生，柱头2裂。瘦

果，多数密集成一卵圆形或长圆形的聚合果，长1~2.5厘米，初时绿色，成熟后变肉质、黑紫色或红色。种子小。花期4~5月，果期5~6月。生长于丘陵、山坡、村旁、田野等处，多为人工栽培。全国各地均产。春末夏初采收，去叶，晒干，或趁鲜切片，晒干。生用或炒用。微苦，平。归肝经。祛风湿，利关节。用于风湿痹病，肩臂、关节酸痛麻木。9~15克，煎服。外用：适量。桑枝含鞣质，蔗糖，果糖，水苏糖，葡萄糖，麦芽糖，棉子糖，阿拉伯糖，木糖等。近来从桑枝水提取物中分得4个多羟基生物碱及2个氨基酸（γ-氨基丁酸和L-天门冬氨酸）。桑枝有较强的抗炎活性，可提高人体淋巴细胞转化率，具有增强免疫的作用。本品性寒，不宜用于风寒湿所致的关节冷痛、肌肉酸痛，亦不宜用于肝肾亏损的虚劳骨痛、腰膝酸软乏力。

豨莶草

又名珠草、莶、风湿草、猪膏草、黏金强子。为菊科植物莶、腺梗莶或毛梗莶的干燥地上部分。莶：与腺梗莶极相似，主要区别为植株可高达1米，分枝常成复二歧状，花梗及枝上部密生短柔毛，叶片三角状卵形，叶边缘具不规则的浅齿或粗齿。腺梗莶：为一年生草本。茎高达1米以上，上部多叉状分枝，枝上部被紫褐色头状有柄腺毛及白色长柔毛。叶对生，阔三角状卵形至卵状披针形，长4~12厘米，宽1~9厘米，先端尖，基部近截形或楔形，下延成翅柄，边缘有钝齿，两面均被柔毛，下面有腺点，主脉3出，脉上毛显著。头状花序多数，排成圆锥状，花梗密被白色毛及腺毛，总苞片2层，背面被紫褐色头状有柄腺毛，有粘手感。花杂性，黄色，边花舌状，雌性；中央为管状花，两性。瘦果倒卵形。长约3毫米，有4棱，无冠毛。毛梗莶：与上二种的区别在于植株高约50厘米，总花梗及枝上部柔毛稀且平伏，无腺平；叶锯齿规则；花头与果实均较小，果长约2毫米。生长于林缘、林下、荒野及路边。主产于

湖南、福建、湖北、江苏等地。夏、秋二季花开前及花期均
可采割，除去杂质，晒干。祛风湿，利关节，解毒。用
于风湿痹痛，筋骨无力，腰膝酸软，四肢麻痹，半身
不遂，风疹湿疮。9～12克，煎服。外用：适量。用于
风湿痹痛、半身不遂宜制用，治风疹湿疮、疮痈宜生
用。本品含生物碱，酚性成分，荭苷，荭苷元，氨基酸，
有机酸，糖类，苦味质等。还含有微量元素锌、铜、铁、锰
等。荭草有抗炎和较好的镇痛作用；有降压作用；对细胞免
疫、体液免疫及非特异性免疫均有抑制作用；可增强T细胞的增殖功能，促进IL-2
的活性，抑制IL-1的活性，可通过调整机体免疫功能，改善局部病理反应而达到抗
风湿作用；有扩张血管作用；对血栓形成有明显抑制作用；对金黄色葡萄球菌有较
强的抑制作用，对大肠杆菌、绿脓杆菌、宋内痢疾杆菌、伤寒杆菌、白色葡萄球菌、
卡他球菌、肠炎杆菌、鼠疟原虫等也有一定抑制作用，对单纯疱疹病毒有中等强度
的抑制作用。荭苷有兴奋子宫和明显的抗早孕作用。阴血不足者忌服。

知识全接触

升降沉浮

中药作用的四类不同的趋向性。升指上升，降指下降，浮指发
散上行，沉指泻利下行。凡是气温热，味辛甘的药物大多具有升浮
的作用；凡是气寒凉，味苦酸的药物大多具有沉降的作用。升浮类
药物能上行向外，具有疏散解表、温里散寒、涌吐、开窍等作用，宜
用于防治病位在上在表或病势下陷类疾病；沉降类药物能下行向
内，具有泻下、利水渗湿、清热、止咳平喘、降逆止呕等作用，宜用
于防治病位在下里或病势上逆类疾病。药物的升降沉浮并非绝
对，有少数药物的作用趋向表现为"双向性"，既可升浮又能沉降，
如麻黄能发汗解表，亦可平喘利尿。

臭梧桐

又名臭桐、泡花桐、追骨风、八角梧桐、海州常山、泰山红五星。为马鞭草科植物海州常山的干燥嫩枝和叶。落叶灌木或小乔木，嫩枝棕色短柔毛，单叶对生，叶卵圆形，长5~16厘米，先端渐尖，基部多截形，全缘或有波状齿，两面近无毛，叶柄2~8厘米，伞房状聚伞花序着生顶部或腋间，花萼紫红色，五裂至基部。花冠细长筒状，顶端五裂，白色或粉红色。核果球状，蓝紫色，整个花序可同时出现红色花萼、白色花冠和蓝紫色果实的丰富色彩。花果期6~11月。生长于路边、山谷、山地及溪边。主产于江苏、安徽、浙江等地。夏季尚未开花时采收，晒干，切段，生用。辛、苦、甘、凉。归肝经。祛风湿，通经络，平肝。5~15克，煎服，研末服，每次3克。外用：适量。用于高血压病不宜久煎。本品含海州常山黄酮苷，臭梧桐素A、B，海州常山苦素A、B，内消旋肌醇，刺槐素-7-双葡萄糖醛酸苷，洋丁香酚苷，植物血凝素及生物碱等。臭梧桐煎剂及臭梧桐素B有镇痛作用，开花前较开花后的镇痛作用为强；煎剂及臭梧桐素A有镇静作用；其降血压作用以水浸剂与煎剂最强。臭梧桐经高热煎煮后，降压作用会减弱。

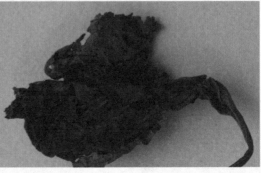

海桐皮

又名丁皮、刺桐皮、钉桐皮、鼓桐皮。为豆科植物刺桐或乔木刺桐的干燥干皮或根皮。刺桐：大乔木，高可达20米。树皮灰棕色，枝淡黄色至土黄色，密被灰色绒毛，具黑色圆锥状刺，二三年后即脱落。叶互生或簇生于枝顶；托叶2，线形，长1～1.3厘米，早落；3出复叶，小叶阔卵形至斜方状卵形，长10～15厘米，顶端小叶宽大于长，先端渐尖而钝，基部近截形或阔菱形，两面叶脉均有稀疏毛茸。总状花序长约15厘米，被绒毛；总花梗长7～10厘米；花萼佛焰苞状，长2～3厘米，萼口斜裂，由背开裂至基部；花冠碟形，大红色，旗瓣长5～6厘米，翼瓣与龙骨瓣近相等，短于萼；雄蕊10，二体，花丝淡紫色，长3～3.5厘米，花药黄色；花柱1，淡绿色，柱头不分裂，密被紫色软毛。荚果串珠状，微弯曲。种子1～8颗，球形，暗红色。花期3月。乔木刺桐：乔木，高7～8米。树皮有刺。三出复叶，小叶肾状扁圆形，长10～20厘米，宽8～19厘米，先端急尖，基部近截形，两面无毛；小叶柄粗壮。总状花序腋生，花密集于总花梗上部；花序轴及花梗无毛；花萼2唇形，无毛；花冠红色，长达4厘米，翼瓣短，长仅为旗瓣的1/4，龙骨瓣菱形，较翼瓣长，均无爪；雄蕊10，5长5短；子房具柄，有黄色毛。荚果梭状，稍弯，两端尖，顶端具喙，基部具柄，长约10厘米，宽约1.2厘米。刺桐野生或栽培为行道树。分布于浙江、福建、台湾、湖北、湖南、广东、广西、四川、贵州、云南等地。乔木刺桐生于山沟或草坡上。分布于四川、贵州、云南等地。夏、秋剥取树皮，晒干。切丝，生用。苦、辛、平。归肝经。祛风湿，通络止痛，杀虫止痒。5～15克，煎服，或酒浸服。外用：适量。本品含刺桐文碱、水苏碱等多种生物碱，还含黄酮，氨基酸和有机酸等。海桐皮有抗炎、镇痛、镇静作用；并能增强心肌收缩力；且有降压作用；对金黄色葡萄球菌有抑制作用，对堇色毛癣菌等皮肤真菌亦有不同程度的抑制作用。血虚者不宜服。

络石藤

又名络石、白花藤、爬山虎、钻骨风、石龙藤、沿壁藤。为夹竹桃科植物络石的干燥带叶藤茎。常绿木质藤本，长达10米，茎圆柱形，有皮孔；嫩枝被黄色柔毛，老时渐无毛。叶对生，革质或近革质，椭圆形或卵状披针形；上面无毛，下面被疏短柔毛。聚伞花序顶生或腋生，二歧，花白色，花柱圆柱状，柱头卵圆形。生长于温暖、湿润、疏荫的沟渠旁、山坡林木丛中。主产于江

苏、安徽、湖北、山东等地。冬季至次春采割，除去杂质，晒干。切段，生用。苦，微寒。归心、肝、肾经。祛风通络，凉血消肿。用于风湿热痹，筋脉拘挛，腰膝酸痛，喉痹，痈肿，跌打损伤。6~12克，煎服。外用：鲜品适量，捣敷患处。本品藤茎含络石苷，去甲络石苷，牛蒡苷，穗罗汉松树脂酚苷，橡胶肌醇等，叶含生物碱、黄酮类化

合物。络石藤甲醇提取物对动物双足水肿、扭体反应有抑制作用；所含黄酮苷对尿酸合成酶黄嘌呤氧化酶有显著抑制作用而能抗痛风；煎剂对金黄色葡萄球菌、福氏痢疾杆菌及伤寒杆菌有抑制作用；牛蒡苷可引起血管扩张、血压下降，对肠及子宫有抑制作用。阳虚畏寒、便溏者慎服。

雷公藤

又名黄药、黄藤木、黄藤根、水莽草、南蛇根、断肠草。为卫矛科植物雷公藤的干燥根或根的木质部。落叶蔓生灌木，长达3米。小枝棕红色，有4~6棱，密生瘤状皮孔及锈色短毛。雷公藤的花朵单叶互生，亚革质；叶柄长约5毫米；叶片椭圆形或宽卵形，长4~9厘米，宽3~6厘米，先端短尖，基部近圆形或宽楔形、边缘具细锯齿，上面光滑，下面淡绿色，

主、侧脉在上表面均稍突出，脉上疏生锈褐色柔毛。聚伞状圆锥花序顶生或腋生，长5~7厘米，被锈色毛。花杂性，白绿色，直径达5毫米；萼为5浅裂；花瓣5，椭圆形；雄蕊5，花丝近基部较宽，着生在杯状花盘边缘；花柱短，柱头6浅裂；子房上位，三棱状。蒴果具3片膜质翅，长圆形，长约14毫米，宽约13毫米，翅上有斜生侧脉。种子1，细柱状，黑色。花期7~8月，果期9~10月。生长于背阴多湿稍肥的山坡、山谷、溪边灌木林和次生杂木林中。主产于浙江、江苏、安徽、福建等地。秋季挖取根部，去净泥土，晒干，或去皮晒干。切厚片，生用。苦、辛，寒。有大毒。归肝、肾经。祛风湿，活血通络，消肿止痛，杀虫解毒。10~25克（带根皮者减量），煎汤，文火煎1~2小时；研粉，每日1.5~4.5克，外用：适量。本品的化学成分有70余种，主要成分有雷公藤碱，雷公藤宁碱，雷公藤春碱，雷公藤甲素，雷公藤乙素，雷公藤酮，雷公藤红素，雷公藤三萜酸A，雷公藤三萜酸C，黑蔓酮酯甲，黑蔓酮酯乙，雷公藤内酯和雷公藤内酯二醇等。还有卫矛醇，卫矛碱，β-谷甾醇，L-表儿茶酸和苷等。雷公藤有抗炎、镇痛、抗肿瘤、抗生育作用；有降低血液黏滞性、抗凝、纠正纤溶障碍、改善微循环及降低外周血阻力的作用；对多种肾炎模型有预防和保护作用，有促进肾上

腺合成皮质激素样作用；对免疫系统主要表现为抑制作用，可减少器官移植后的急性排异反应；雷公藤红素可有效地诱导肥大细胞白血病细胞的凋亡，雷公藤甲素能抑制白介素、粒细胞/巨噬细胞集落刺激因子表达，诱导嗜酸性细胞凋亡；对金黄色葡萄球菌、革兰阴性细菌、真菌、枯草杆菌及607分枝杆菌等48种细菌均有抑制作用，对真菌特别是皮肤白色念珠菌抑菌效果最好；提取物对子宫、肠均有兴奋作用；雷公藤可引起视丘、中脑、延脑、小脑及脊髓严重营养不良性改变。内脏有器质性病变及白细胞减少者慎服；孕妇忌用。

老鹳草

又名五叶草、天罡草、五齿耙、鹌子嘴。为牛儿苗科植物牛儿苗、老鹳草或野老鹳草的干燥地上部分，前者习称"长嘴老鹳草"，后两者习称"短嘴老鹳草"。多年生草本，高35～80厘米。茎伏卧或略倾斜，多分枝。叶对生，叶柄长1.5～4厘米，具平伏卷曲的柔毛，叶片3～5深裂，近五角形，基部略呈心形，裂片近菱形，先端钝或突尖，边缘具整齐的锯齿，上面绿色，具伏毛，下面淡绿色，沿叶脉被柔毛。花小，径约1厘米，每1花梗2朵，腋生，花梗细长；花萼5，卵形或卵状披针形，疏生长柔毛，先端有芒；花瓣5，倒卵形，白色或淡红色，具深红色纵脉，雄蕊10，全具花药；花柱5裂，延长并与果柄连合成喙。蒴果先端长喙状，成熟时裂开，喙部由下而上卷曲。种子长圆形，黑褐色。花期5～6月，果期6～7月。生长于山坡、草地及路旁。全国大部地区有产。夏、秋二季果实近成熟时采割，晒干。切段，生用。辛、苦，平。归肝、肾、脾经。祛风湿，通经络，止泻痢。用于风湿痹痛，麻木拘挛，筋骨酸痛，泄泻痢疾。9～15克，煎服，或熬膏、酒浸服。外用：适量。牛儿苗全草含挥发油，油中主要成分为牛儿醇；又含槲皮素。老鹳草全草含鞣质及金丝桃苷。老鹳草总鞣质（HGT）有明显的抗炎、抑制免疫和镇痛作用，有抗癌、抑制诱变作用和抗氧化作用；牛儿苗煎剂有明显的抗流感病毒作用，对金黄色葡萄球菌等球菌及痢疾杆菌有较明显的抑制作用；醇提取物有明显的镇咳作用；西伯利亚老鹳草对蛋清性关节炎有明显抑制作用；日本产尼泊尔老鹳草的煎剂或干燥提取物，均能抑制十二指肠和小肠的活动，并促进盲肠的逆蠕动，但剂量过大，则能促进大肠的蠕动而出现泻下作用；老鹳草可能具有黄体酮样作用或有升高体内黄体酮水平的作用。脾胃虚寒者忌用。

穿山龙

又名山常山、穿龙骨、穿山骨。为薯蓣科植物穿龙薯蓣和柴黄姜的干燥根茎。多年生缠绕草质藤本，根茎横走，栓皮呈片状脱落，断面黄色。茎左旋无毛。叶互生掌状心形，变化较大，全缘。花单性异株，穗状花序腋生；雄花无柄，花被6裂，雄蕊6；雌花常单生，花被6裂。蒴果倒卵状椭圆形，有3宽翅。种子每

室2枚，生于每室的基部，四周有不等宽的薄膜状翅。花期6~8月，果期8~10月。生长于山坡林边、灌丛中或沟边。全国大部分地区有产。春、秋采挖，除去外皮及须根，切段或切片，晒干或烘干。生用。甘、苦，温。归肝、肾、肺经。祛风除湿，舒筋通络，活血止痛，止咳平喘。用于风湿痹病，关节肿痛，疼痛麻木，跌打损伤，闪腰岔气，咳嗽气喘。9~15克，煎服，或酒浸服。外用：适量。本品含薯蓣皂苷、纤细薯蓣皂苷、25-D-螺甾-3，5-二烯及对羟基苄基酒石酸、氨基酸等。穿山龙有显著的平喘

作用，总皂苷、水溶性或水不溶性皂苷有明显的镇咳、祛痰作用；水煎剂对细胞免疫和体液免疫功能均有抑制作用，而对巨噬细胞吞噬功能有增强作用；对金黄色葡萄球菌等多种球菌及流感病毒等有抑制作用；总皂苷能增强兔心肌收缩力，减慢心率，降低动脉压，改善冠状动脉血液循环，增加尿量，并能显著降低血清总胆固醇及β/α脂蛋白比例。粉碎加工时，注意防护，以免发生过敏反应。

丝瓜络

又名瓜络、丝瓜网、丝瓜瓤、絮瓜瓤、丝瓜筋。为葫芦科植物丝瓜的干燥成熟果实的维管束。一年生攀援草本。茎有5棱，光滑或棱上有粗毛；卷须通常3裂。叶片掌状5裂，裂片三角形或披针形，先端渐尖，边缘有锯齿，两面均光滑无毛。雄花的总状花序有梗，长10~15厘米，花瓣分离，黄色或淡黄色，倒卵形，长约4厘米；雌花的花梗长2~10厘米；果实长圆柱形，长20~50厘米，直或稍弯，下垂，无棱角，表面绿色，成熟时黄绿色至褐色，果肉内有强韧的纤维如网状。种子椭圆形，扁平，黑色，边缘有膜质狭翅。花果期8~10月。我国各地均有栽培。夏、秋二季果实成熟、果皮变黄、内部干枯时采摘，除去外皮及果肉，洗净，晒干，除去种子。切段，生用。甘，平。归肺、胃、肝经。通络，活血，祛风，下乳。用于痹痛拘挛，胸胁胀痛，乳汁不通，乳痈肿痛。5~12克，煎服。外用：适量。本品含木聚糖、甘露聚糖、半乳聚糖等。丝瓜络水煎剂有明显的镇痛、镇静和抗炎作用。寒嗽、寒痰者慎用。

五加皮

又名短梗五加、南五加皮、红五加皮、细柱五加、轮伞五加。为五加科植物细柱五加的干燥根皮。习称"南五加皮"。落叶灌木，高2~3米，枝呈灰褐色，无刺或在叶柄部单生扁平刺。掌状复叶互生，在短枝上簇生，小叶5片或3~4片，中央一片最大，倒卵形或披针形，长3~8厘米，宽1~3.5厘米，边缘有钝细锯齿，上面无毛或沿脉被疏毛，下面腋腑有簇毛。伞形花序单生于叶腋或短枝上，总花梗长2~6厘米，花小，黄绿色，萼齿，花瓣及雄蕊均为5数。子房下位，2室，花柱2生长于路边、林缘或灌丛中。主产于湖北、河南、辽宁、安徽等地。夏、秋二季采挖根部，洗净，剥取根皮，晒干。切厚片，生用。辛、苦，温。归肝、肾经。祛风除湿，补益肝肾，强筋壮骨。用于风湿痹痛，筋骨痿软，小儿行迟，体虚乏力，水肿，脚气。5~10克，煎服，或酒浸、入丸散服。本品含丁香苷，刺五加苷B_1，右旋芝麻素，16α-羟基-（一）-贝壳松-19-酸，左旋对映贝壳松烯酸，β-谷甾醇，β-谷甾醇葡萄糖苷，硬脂酸，棕榈酸，亚麻酸，维生素A、B_1，挥发油等。五加皮有抗炎、镇痛、镇静作用，能提高血清抗体的浓度、促进单核巨噬细胞的吞噬功能，有抗应激作用，能促进核酸的合成、降低血糖，有性激素样作用，并能抗肿瘤、抗诱变、抗溃疡，且有一定的抗排异作用。阴虚火旺者慎用。

桑寄生

又名寄生、寄生树、寄生草、桑上寄生。为桑寄生科植物桑寄生的干燥带叶茎枝。常绿寄生小灌木。老枝无毛，有凸起灰黄色皮孔，小枝梢被暗灰色短毛。叶互生或近于对生，革质，卵圆形至长椭圆状卵形，先端钝圆，全缘，幼时被毛。花两性，紫红色花1~3个聚生于叶腋，具小苞片；总花梗、花梗、花萼和花冠均被红褐色星状短柔毛；花萼近球形，与子房合生；花冠狭管状，稍弯曲。浆果椭圆形，有瘤状突起。寄生于构、槐、榆、木棉、朴等树上。主产于福建、台湾、广东、广西、云南等地。冬季至次春采割，除去粗茎，切段，干燥，或蒸后干燥。切厚片，生用。苦、甘、平。归肝、肾经。祛风湿，补肝肾，强筋骨，安胎元。用于风湿痹痛，腰膝酸软，筋骨无力，崩漏经多，妊娠漏血，胎动不安，头晕目眩。9~15克，煎服。四川寄生叶中含黄酮类化合物：槲皮素、槲皮苷、萹蓄苷及少量的右旋儿茶酚。桑寄生有降压作用；注射液对冠状动脉有扩张作用，并能减慢心率；蓄苷有利尿作用；煎剂或浸剂在体外对脊髓灰质炎病毒和多种肠道病毒均有明显抑制作用，能抑制伤寒杆菌及葡萄球菌的生长；提取物对乙型肝炎病毒表面抗原有抑制活性。

狗脊

又名苟脊、狗青、扶筋、金狗脊、黄狗头、金毛狗脊。为蚌壳蕨科植物金毛狗脊的干燥根茎。为多年生草本，高2~3厘米。根茎粗大，密被金黄色长茸毛，顶端有叶丛生。叶宽卵状三角形，三回羽裂；末回裂片镰状披针形，边缘有浅锯齿，侧脉单一或在不育裂片上为二叉。孢子囊群生于小脉顶端，每裂片上1~5对；囊群盖两瓣，成熟时张开如蚌壳。根茎呈不规则的块状，长10~30厘米（少数可达50厘米），直径2~10厘米。生长于山脚沟边及林下阴处酸性土上。主产于四川、广东、贵州、浙江、福建等地。均为野生。秋、冬二季采挖，除去泥沙，干燥；或去硬根、叶柄及金黄色绒毛，切厚片，干燥，为"生狗脊片"；蒸后，晒至六七成干，切厚片，干燥，为"熟狗脊片"。原药或生狗脊片砂烫用。苦、甘、温。归肝、肾经。祛风湿，补肝肾，强腰膝。用于风湿痹痛，腰膝酸软，下肢无力。6~12克，煎服。本品含蕨素，金粉蕨素，金粉蕨素-2'-O-葡萄糖苷，金粉蕨素-2'-O-阿洛糖苷，欧蕨伊鲁苷，原儿茶酸，5-甲糠醛，β-谷甾醇，胡萝卜素等。100%狗脊注射液20克/千克，可使心肌对铷86的摄取率增加54%；其绒毛有较好的止血作用。肾虚有热，小便不利，或短涩黄赤者慎服。

千年健

又名千年见、一包针、千颗针。为天南星科植物千年健的干燥根茎。多年生草本，根茎匍匐，细长，根肉质，密被淡褐色短绒毛，须根纤维状。鳃叶线状披针形，向上渐狭，锐尖，叶片膜质至纸质，箭状心形至心形。花序1~3，生鳞叶之腋，花序柄短于叶柄；佛焰苞绿白色，长圆形至椭圆形，花前度卷成纺锤形，盛花时上部略展开成短舟状。浆果，种子褐色，长圆形。生长于树木生长繁茂的阔叶林下、土质疏松肥沃的坡地、河谷或溪边阴湿地。主产于广西、云南等地。春、秋二季采挖，洗净，除去外皮，晒干。切片，生用。苦、辛，温。归肝、肾经。祛风湿，壮筋骨。用于风寒湿痹，腰膝冷痛，拘挛麻木，筋骨痿软。5~10克，煎服，或酒浸服。本品含挥发油，主要为α-蒎烯、β-蒎烯、柠檬烯、芳樟醇、α-松油醇、β-松油醇、橙花醇、香叶醇、香叶醛、丁香油酚、异龙脑、广藿香醇等。千年健甲醇提取物有明显的抗炎、镇痛作用，醇提取液有抗组织胺作用，其水提取液具有较强的抗凝血作用，所含挥发油对布氏杆菌、I型单纯疱疹病毒有抑制作用。阴虚内热者慎服。

雪莲花

又名荷莲、大木花、大苞雪莲、优钵罗花。为菊科植物绵头雪莲花、水母雪莲花等的带花全株。绵头雪莲：花多年生草本，全体密被白色或淡黄色长柔毛，高10～25厘米。茎常中空，棒状，基部有棕黑色残存叶片。叶互生，密集，无柄，披针形或狭倒卵形，长2～10厘米，宽0.5～1.5厘米，边缘羽裂或具粗齿，密被白色长茸毛。头状花序多数，密集，每序长15～25毫米；总苞片狭长倒披针形，长约12毫米，宽约2毫米，无毛，有光泽，中央草质，边缘膜质，有3条明显的纵脉；花两性，全为管状花，长约1厘米，直立，花冠管与檐部等长，裂片披针形；花药基部箭形；花柱线形。瘦果，长约7毫米，扁平，棕色，有不明显的4棱；冠毛2层，外层冠毛较短，上

具短毛，内层为羽状。花期6～7月。水母雪莲花：多年生草本，高10～20厘米，全株密被白色棉毛。茎短而粗。叶密生，具长而扁的叶柄；叶片卵圆形、倒卵形，间或扇形，边缘有条裂状锯齿，齿尖急尖，上部叶成菱形、披针形，基部延伸成翅柄或否。头状花序密集，无总梗，总苞球形，总苞片2～3层，膜质。线状长圆形，不等长；花紫色。瘦果，冠毛2层，灰白色，外层刺毛状，内层为羽状。生于高山砾石间。大苞雪莲花：又名新疆雪莲花。多年生草本，高10～30厘米。茎粗壮，基部有许多棕褐色丝状残存叶片。叶密集，无柄，叶片倒披针形，长10～18厘米，宽2.5～4.5厘米，先端

渐尖，基部抱茎，边缘有锯齿。头状花序顶生，密集；总苞片叶状，卵形，多层，近似膜质，白色或淡绿黄色；花棕紫色，全为管状花。瘦果，冠毛白色。刺毛状。花期7月。西藏雪莲花：高约15厘米，全株密被白色长棉毛。叶密集，叶片羽状分裂，被长棉毛，无柄。头状花序顶生，密集；花紫红色。毛头雪莲花：高15~25厘米。全株密被

白色长棉毛。叶羽状深裂，上面绿色，下面密被白棉毛。头状花序包藏在白色棉毛中。生长于高山石缝、砾石和沙质河滩中。主产于四川、云南、西藏、新疆、甘肃、青海等地。6~7月间，待花开时拔取全株，除去泥土，晾干。切段，生用。甘、微苦，温。归肝、肾经。祛风湿，强筋骨，补肾阳，调经止血。6~12克，煎服。外用：适量。本品含东莨菪素，伞形花内酯，伞形花内酯-7-O-β-D-葡萄糖苷，牛蒡苷，大黄素甲醚，芸香苷，金圣草素-7-O-β-D-葡萄糖苷，芹菜素，芹菜素-7-O-β-D-葡萄糖苷，芹菜素-7-O-α-L-吡喃鼠李糖基（1→2）-β-D-吡喃葡萄糖苷，木樨草素，木樨草素-7-O-β-D-葡萄糖苷，木樨草素-7-O-α-L-吡喃鼠李糖基（1→2）-β-D-吡喃葡萄糖苷，槲皮素-3-O-β-D-吡喃葡萄糖苷，3-吲哚乙酸，秋水仙碱，雪莲多糖，β-谷甾醇，对羟基苯乙酮，对羟基苯甲酸甲酯，正三十一烷，二十三烷等。雪莲煎剂、乙醇提取物、总黄酮、总生物碱有显著的抗炎作用，有降压作用；注射液、总黄酮有较强的镇痛作用；煎剂有免疫与抗氧化作用，对小鼠中枢神经系统有明显的抑制作用，对子宫有兴奋作用，且可终止妊娠；煎剂可增强心脏收缩力，增加心输出量，但对心率无明显影响，而总生物碱则对心脏有抑制作用，使心肌收缩力减弱，心率减慢；煎剂、总生物碱对肠有抑制作用，并能明显对抗肠肌强直性痉挛。孕妇、阴虚火旺者忌服。过量可致大汗淋漓。酒剂量宜减少。大苞雪莲花不宜泡酒服。

鹿衔草

　　又名鹿蹄草、鹿安茶、破血丹、纸背金牛草。为鹿蹄草科植物鹿蹄草或普通鹿蹄草的干燥全草。多年生常绿草本，高12~26厘米，全体无毛。根状茎细长，匍匐或斜生，节上具三角形鳞叶1，不定根纤细，由节部长出，略分枝。叶于基部丛生，4~8；叶柄长2.5~4厘米，叶互生，节间极短，薄革质，圆形至卵圆形，长2~5厘米，宽2~4厘米，先端钝圆，基部圆或近平截，全缘或具不明显的疏锯齿，边缘略向叶背反卷，下面常呈灰蓝绿色，幼时尤显，脉网状，显著。花葶由叶丛中抽出，高17~25厘米，具三棱，中部有鳞叶1~2，披针形，长6~10毫米。蒴果扁球形，直径7~8毫米，具5棱，胞背开裂。种子多数，小形，种皮两端凸出，胚乳肉质。花期4~6月，果期6~9月。生长于庭院和岩石园中的潮湿地。产于全国大部分地区。全年均可采挖，除去杂质，晒至叶片较软时，堆置至叶片变紫褐色，晒干。切段，生用。甘，苦，温。归肝、肾经。祛风湿，强筋骨，止血，止咳。用于风湿痹痛，肾虚腰痛，腰膝无力，月经过多，久咳劳嗽。9~15克，煎服。外用：适量。鹿蹄草含鹿蹄草素，N-苯基-2-萘胺，高熊果酚苷，伞形梅笠草素，没食子酸，原儿茶酸，没食子鞣质，肾叶鹿蹄草苷，6-O-没食子酰高熊果酚苷，槲皮素，金丝桃苷，没食子酰金丝桃苷等。普通鹿蹄草含鹿蹄草素，山柰酚-3-O-葡萄糖苷，槲皮素-3-O-葡萄糖苷等。鹿蹄草有抗炎、降压作用；能扩张心、脑、脾、肾、四肢、耳血管，增加血流量；能明显升高血浆cAMP含量；增强免疫功能；对多种细菌有抑制作用。所含N-苯基-2-萘胺、伞形梅笠草素、鹿蹄草素、没食子酸等对P388淋巴细胞白血病有抑制作用。熊果酚苷在体外能抑制胰岛素降解，口服可致糖尿。孕妇忌服。

石楠叶

又名风药、栾茶、红树叶、石楠藤、石南叶、石岩树叶。为蔷薇科植物石楠的干燥叶。常绿灌木或小乔木，高可达10米，枝光滑。叶片革质，长椭圆形、长倒卵形、倒卵状椭圆形，长8~22厘米，宽2.5~6.5厘米，基部宽楔形或圆形，边缘疏生有腺细锯齿，近基部全缘，幼时自中脉至叶柄有绒毛，后脱落，两面无毛；叶柄长2~4厘米。复伞房花序多而密；花序梗和花柄无皮孔；花白色，直径6~8毫米；花瓣近圆形，内面近基部无毛；子房顶端有毛，花柱2~3裂。梨果近球形，直径约5毫米，红色，后变紫褐色。花期4~5月，果期10月。常栽植于庭院。野生或栽培。主产于江苏、浙江等地。全年可采。晒干。切丝。生用。辛、苦、平。有小毒。归肝、肾经。祛风湿，通经络，益肾气。10~15克，煎服。外用：适量。本品含类胡萝卜素，樱花苷，山梨醇，鞣质，正烷烃，苯甲醛，氢氰酸，熊果酸，皂苷，挥发油等。石楠所含的熊果酸有明显的安定和降温作用，并有镇痛、抗炎及抗癌作用，对革兰阳性菌、阴性菌和酵母菌有抑制作用；煎剂对蛙心有兴奋作用；乙醇浸出液能抑制蛙心，收缩兔耳血管，降低犬血压。阴虚火旺者忌服。

藿香

又名海藿香、广藿香。为唇形科植物广藿香的地上部分。多年生草本，高达1米，茎直立，上部多分枝，老枝粗壮，近圆形；幼枝方形，密被灰黄色柔毛。叶对生，圆形至宽卵形，长2～10厘米，宽2.5～7厘米，先端短尖或钝，基部楔形或心形，边缘有粗钝齿或有时分裂，两面均被毛，脉上尤多；叶柄长1～6厘米，有毛。轮伞花序密集成假穗状花序，密被短柔毛；花萼筒状，花冠紫色，前裂片向前伸。小坚果近球形，稍压扁。生长于向阳山坡。主产于广东、海南、台湾、广西、云南等地。枝叶茂盛时采割，日晒夜闷，反复至干。切段生用。辛，微温。归脾、胃、肺经。芳香化浊，和中止呕，发表解暑。用于湿浊中阻，脘痞呕吐，暑湿表证，湿温初起，发热倦怠，胸闷不舒，寒湿闭暑，腹痛吐泻，鼻渊头痛。3～10克，煎服，鲜品加倍。含挥发油约1.5%，油中主要成分为广藿香醇，其他成分有苯甲醛、丁香油酚、桂皮醛等。另有多种其他倍半萜如竹烯等。尚含生物碱类。挥发油能促进胃液分泌，增强消化力，对胃肠有解痉作用。有防腐和抗菌作用，此外，尚有收敛止泻、扩张微血管而略有发汗等作用。阴虚血燥者不宜用。

佩兰

又名水香、兰草、大泽兰、都梁香、燕尾香、针尾凤。为菊科植物佩兰的干燥地上部分。多年生草本，高70~120厘米，根茎横走，茎直立，上部及花序枝上的毛较密，中下部少毛。叶对生，通常3深裂，中裂片较大，长圆形或长圆状披针形，边缘有锯齿，背面沿脉有疏毛，无腺点，揉之有香气。头状花序排列成聚

伞状，苞片长圆形至倒披针形，常带紫红色；每个头状花序有花4~6朵；花两性，全为管状花，白色。瘦果圆柱形。生长于路边灌丛或溪边。野生或栽培。主产于河北、陕西、山东、江苏、安徽、浙江、江西、湖北、湖南、广东、广西、四川、贵州、云南等地。夏、秋二季分两次采割。除去杂质，晒干。切段生用，或鲜用。辛，平。归脾、胃、肺经。芳香化湿，醒脾开胃，发表解暑。用于湿浊中阻，脘痞呕恶，口中甜腻，口臭，多涎，暑湿表证，湿温初起，发热倦怠，胸闷不舒。3~10克，煎服。鲜品加倍。全草含挥发油0.5%~2%。油中含聚伞花素（对异丙基甲苯）、乙酸橙花醇酯，叶含香豆精、邻香豆酸、麝香草氢醌。其他尚含有三萜类化合物。佩兰水煎剂，对白喉杆菌、金黄色葡萄球菌、八叠球菌、变形杆菌、伤寒杆菌有抑制作用。其挥发油及油中所含的伞花烃，乙酸橙花酯对流感病毒有直接抑制作用。佩兰挥发油及其有效单体对伞花烃灌胃具有明显祛痰作用。阴虚血燥、气虚者慎服。

苍术

又名赤术、仙术、茅术、青术。为菊科多年生草本植物茅苍术或北苍术的干燥根茎。茅苍术：为多年生草本，高达80厘米；根茎结节状圆柱形。叶互生，革质，上部叶一般不分裂，无柄，卵状披针形至椭圆形，长3~8厘米，宽1~3厘米，边缘有刺状锯齿，下部叶多为3~5深裂，顶端裂片较大，侧裂片1~2对，椭圆形。头状花序顶生，叶状苞片1列，羽状深裂，裂片刺状；总苞圆柱形，总苞片6~8层，卵形至披针形；花多数，两性，或单性多异株，全为管状花，白色或淡紫色；两性花有多数羽毛状长冠毛，单性花一般为雌花，具退化雄蕊5枚，瘦果有羽状冠毛。北苍术：北苍术与茅苍术大致相同，其主要区别点为叶通常无柄，叶片较宽，卵形或窄卵形，一般羽状5深裂，茎上部叶3~5羽状浅裂或不裂；头状花序稍宽，总苞片多为5~6层，夏秋间开花。生长于山坡、林下及草地。主产于东北、华北、山东、河南、陕西等地。春、秋二季采挖，除去泥沙，晒干，撞去须根。辛、苦，温。归脾、胃、肝经。燥湿健脾，祛风散寒，明目。用于湿阻中焦，脘腹胀满，泄泻，水肿，脚气痿，风湿痹痛，风寒感冒，夜盲。3~9克，煎服。主要含挥发油，油中主含苍术醇（系β-桉油醇和茅术醇的混合结晶物）。其他尚含少量苍术酮、维生素A样物质、维生素B及菊糖。其挥发油有明显的抗副交感神经介质乙酰胆碱引起的肠痉挛；对交感神经介质肾上腺素引起的肠肌松弛，苍术制剂能促进肾上腺抑制作用的振幅恢复；苍术醇有促进胃肠运动的作用，对胃平滑肌也有微弱收缩作用。苍术挥发油对中枢神经系统，小剂量是镇静作用，同时使脊髓反射亢进；大剂量则呈抑制作用。苍术煎剂有降血糖作用，同时具排钠、排钾作用；其维生素A样物质可治疗夜盲及角膜软化症。阴虚内热、气虚多汗者忌用。

厚朴

又名赤朴、川朴、重皮、烈朴、厚皮。为木兰科植物厚朴或凹叶厚朴的干燥干皮、根皮及枝皮。落叶乔木，高7～15米；树皮紫褐色，冬芽由托叶包被，开放后托叶脱落。单叶互生，密集小枝顶端，叶片椭圆状倒卵形，革质，先端钝圆或具短尖，基部楔形或圆形，全缘或微波状，背面幼时被灰白色短绒毛，老时呈白粉状。花与叶同时开放，单生枝顶，白色，直径约15厘米，花梗粗壮，被棕色毛；雄蕊多数，雌蕊心皮多数，排列于延长的花托上。聚合果圆卵状椭圆形，木质。常混生于落叶阔叶林内或生长于常绿阔叶林缘。主产于陕西、甘肃、四川、贵州、湖北、湖南、广西等地。4～6月剥取，根皮及枝皮直接阴干，干皮置沸水中微煮后堆置阴湿处，"发汗"至内表面变紫褐色或棕褐色时，蒸软取出，卷成筒状，干燥。切丝，姜制用。苦、辛，温。归脾、胃、肺、大肠经。燥湿消痰，下气除满。用于湿滞伤中，脘痞吐泻，食积气滞，腹胀便秘，痰饮喘

咳。3～10克，煎服，或入丸、散。含挥发油约1%，油中主要含β-桉油醇和厚朴酚。此外，还含有少量的木兰箭毒碱、厚朴碱及鞣质等。厚朴煎剂对肺炎球菌、白喉杆菌、溶血性链球菌、枯草杆菌、志贺氏及施氏痢疾杆菌、金黄色葡萄球菌、炭疽杆菌及若干皮肤真菌均有抑制作用。厚朴碱、异厚朴酚有明显的中枢性肌肉松弛作用。

厚朴碱、木兰箭毒碱能松弛横纹肌。作用于肠管，小剂量出现兴奋，大剂量则为抑制。厚朴酚对实验性胃溃疡有防治作用。厚朴有降压作用，降压时反射性地引起呼吸兴奋，心率增加。本品辛苦温燥湿，易耗气伤津，故气虚津亏者及孕妇当慎用。

砂仁

又名缩砂仁、春砂仁、缩砂蜜。为姜科植物阳春砂、绿壳砂或海南砂的干燥成熟果实。多年生草本，高达1.5米或更高，茎直立。叶二列，叶片披针形，长20~35厘米，宽2~5厘米，上面无毛，下面被微毛；叶鞘开放，抱茎，叶舌短小。花茎由根茎上抽出；穗状花序呈球形，有一枚长椭圆形苞片，小苞片呈管状，萼管状，花冠管细长，白色，裂片长圆形，先端兜状，唇状倒卵状，中部有淡黄色及红色斑点，外卷；雌蕊花柱细长，先端嵌生药室之中，柱头漏斗状高于花药。蒴果近球形，不开裂，直径约1.5厘米，具软刺，熟时棕红色。生长于气候温暖、潮湿、富含腐殖质的山沟林下阴湿处。主产于广东、广西、云南和福建等地。于夏、秋间果实成熟时采收，晒干或低温干燥。用时打碎生用。辛，温。归脾、胃、肾经。化湿开胃，温脾止泻，理气安胎。用于湿浊中阻，脘痞不饥，脾胃虚寒，呕吐泄泻，妊娠恶阻，胎动不安。3~6克，煎服。入汤剂宜后下。阳春砂含挥发油，油中主要成分为右旋樟脑、龙脑、乙酸龙脑酯、柠檬烯、橙花叔醇等，并含皂苷。缩砂含挥发油，油中主要成分为樟脑、一种萜烯等。本品煎剂可增强胃的功能，促进消化液的分泌，可增进肠道运动，排出消化管内的积气。可起到帮助消化，消除肠胀气症状。砂仁能明显抑制因ADP所致家兔血小板聚集，对花生四烯酸诱发的小鼠急性死亡有明显保护作用，同时有明显的对抗由胶原和肾上腺素所诱发的小鼠急性死亡作用。阴虚血燥者慎用。

豆蔻

又名多骨、白蔻、白叩、白豆蔻。为姜科植物白豆蔻或爪哇白豆蔻的干燥成熟果实，又名白豆蔻。多年生草本，株高1.5~3米，叶柄长1.5~2厘米；叶片狭椭圆形或线状披针形，长50~65厘米，宽6~9厘米，先端渐尖，基部渐狭，有缘毛，两面无毛或仅在下面被极疏的粗毛；叶舌长5~8毫米，外被粗毛。总状花序顶生，直立，长20~30厘米，花序轴密被粗毛，小花梗长约3毫米，小苞片乳白色，阔椭圆形，长约3.5厘米，先端钝圆，基部连合；花萼钟状，白色，长1.5~2.5厘米，先端有不规则3钝齿，1侧深裂，外被毛；花冠白色，花冠管长约8毫米，裂片3，长圆形，上方裂片较大，长约3.5厘米，宽约3厘米，先端2浅裂，边缘具缺刻，前部具红色或红黑色条纹，后部具淡紫红色斑点；侧生退化雄蕊披针形，长4毫米或有时不存；雄蕊1，长2.2~2.5厘米，花药椭圆形，药隔背面被腺毛，花丝扁平，长约1.5厘米；子房卵圆形，下位，密被淡黄色绢毛。蒴果近圆形，直径约3厘米，外被粗毛，熟时黄色。花期4~6月，果期6~8月。生长于山沟阴湿处，我国多栽培于树荫下。主产于泰国、柬埔寨、越南，我国云南、广东、广西等地亦有栽培；按产地不同分为"原豆蔻"和"印尼白蔻"。秋季果实由绿色转成黄绿色时采收，晒干生用，用时捣碎。辛，温。归肺、脾、胃经。化湿行气，温中止呕，开胃消食。用于湿浊中阻，不思饮食，湿温初起，胸闷不饥，寒湿呕逆，胸腹胀痛，食积不消。3~6克，煎服。入汤剂宜后下。含挥发油，主要成分为1，4-桉叶素，α-樟脑、草烯及其环氧化物。能促进胃液分泌，增进胃肠蠕动，制止肠内异常发酵，祛除胃肠积气，故有良好的芳香健胃作用，并能止呕。挥发油对豚鼠实验性结核，能增强小剂量链霉素作用。阴虚血燥者慎用。

草豆蔻

又名豆葱、宝蔻、豆叩、豆蔻、草蔻、草蔻仁。为姜科草本植物草豆蔻的干燥近成熟种子。多年生草本；高1~2米。叶2列；叶舌卵形，革质，长3~8厘米，密被粗柔毛；叶柄长不超过2厘米；叶片狭椭圆形至披针形，长30~55厘米，宽6~9厘米，先端渐尖；基部楔形，全缘；下面被绒毛。总状花序顶生，总花梗密被黄白色长硬毛；花疏生，花梗长约3毫米，被柔毛；小苞片阔而大，紧包着花芽，外被粗毛，花后苞片脱落；花萼筒状，白色，长1.5~2厘米，先端有不等3钝齿，外被疏长柔毛，宿存；花冠白色，先端三裂，裂片为长圆形或长椭圆形，上方裂片较大，长约3.5厘米，宽约1.5厘米；唇瓣阔卵形，先端3个浅圆裂片，白色，前部具红色或红黑色条纹，后部具淡紫色红色斑点；雄蕊1，花丝扁平，长约1.2厘米；子房下位，密被淡黄色绢状毛，上有二棒状附属体，花柱细长，柱头锥状。蒴果圆球形，不开裂，直径约3.5厘米，外被粗毛，花萼宿存，熟时黄色。种子团呈类圆球形或长圆形，略呈钝三棱状，长1.5~2.5厘米，直径1.5~2毫米。生长于林缘、灌木丛或山坡草丛中。主产于广西、广东等地。夏、秋二季采收，晒至九成干，或用水略烫，晒至半干，除去果皮，取出种子团，晒干。辛，温。归脾、胃经。燥湿健脾，温中止呕。用于寒湿内阻，脘腹胀满冷痛，嗳气呕逆，不思饮食。3~6克，煎服。入散剂较佳；入汤剂宜后下。含挥发油和黄酮类物质。草豆蔻煎剂在试管内对金黄色葡萄球菌、痢疾杆菌及大肠杆菌有抑制作用，对豚鼠离体肠管低浓度呈兴奋，高浓度则为抑制作用。挥发油对离体肠管为抑制作用。阴虚血燥者慎用。

草果

又名多骨、白蔻、白叩、白豆蔻。为姜科植物草果的干燥成熟果实。多年生草本，丛生，高达2.5米。根茎横走，粗壮有节，茎圆柱状，直立或稍倾斜。叶2列，具短柄或无柄，叶片长椭圆形或狭长圆形，先端渐尖，基部渐狭，全缘，边缘干膜质，叶两面均光滑无毛，叶鞘开放，包茎。穗状花序从根茎

生出。蒴果密集，长圆形或卵状椭圆形，顶端具宿存的花柱，呈短圆状突起，熟时红色，外表面呈不规则的纵皱纹。生长于山谷坡地、溪边或疏林下。主产于云南、广西及贵州等地。秋季果实成熟时采收，除去杂质，晒干或低温干燥。辛，温。归脾、胃经。燥湿温中，截疟除痰。用于寒湿内阻，脘腹胀痛，痞满呕吐，疟疾寒热，瘟疫发热。3~6克，煎服。含挥发油，油中含α-蒎烯和β-蒎烯、1,8-桉油素、对聚伞花素等。此外含淀粉、油脂及多种微量元素。本品所含的α-蒎烯和β-蒎烯有镇咳祛痰作用。1,8-桉油素有镇痛、解热、平喘等作用。β-蒎烯有较强的抗炎作用，并有抗真菌作用。大鼠口服香叶醇能抑制胃肠运动，小量口服有轻度利尿作用。阴虚血燥者慎用。

茯苓

又名茯菟、松薯、茯灵、云苓。为多孔菌科真菌茯苓的干燥菌核。寄生或腐寄生。菌核埋在土内，大小不一，表面淡灰棕色或黑褐色，断面近外皮处带粉红色，内部白色。子实体平伏，伞形，直径0.5~2毫米，生长于菌核表面成一薄层，幼时白色，老时变浅褐色。菌管单层，孔多为三角形，孔缘渐变齿状。生长于松科植物赤松或马尾松等树根上，深入地下20~30厘米。主产于湖北、安徽、河南、云南、贵州、四川等地。多于7~9月采挖。挖出后除去泥沙，堆置"发汗"后，摊开晾至表面干燥，再"发汗"，反复数次至现皱纹、内部水分大部散失后，阴

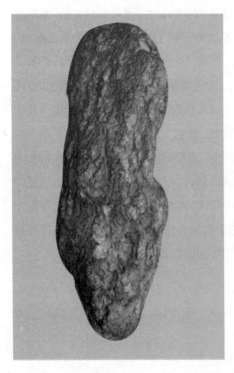

干，称为"茯苓个"。取之浸润后稍蒸，及时切片，晒干；或将鲜茯苓按不同部位切制，阴干，生用。甘、淡、平。归心、肺、脾、肾经。利水渗湿，健脾，宁心。用于水肿尿少，痰饮眩悸，脾虚食少，便溏泄泻，心神不安，惊悸失眠。10~15克，煎服。本品含β-茯苓聚糖，占干重约93%，另含茯苓酸、蛋白质、脂肪、卵磷脂、胆碱、组氨酸、麦角甾醇等。茯苓煎剂、糖浆剂、醇提取物、乙醚提取物，分别具有利尿、镇静、抗肿瘤、降血糖、增加心肌收缩力的作用。茯苓多糖有增强免疫功能的作用。茯苓有护肝作用，能降低胃液分泌，对胃溃疡有抑制作用。虚寒精滑者忌服。

薏苡仁

又名薏米、薏仁、苡仁、回回米、薏珠子。为禾本科植物薏苡的干燥成熟种仁。多年生草本，高1~1.5米。叶互生，线形至披针形。花单性同株，成腋生的总状花序。颖果呈圆珠形。生长于河边、溪潭边或阴湿山谷中。我国各地均有栽培。长江以南各地有野生。秋季果实成熟时采割植株，晒干，打下果实，再晒干，除去外壳、黄褐色种皮及杂质，收集种仁。生用或炒用。甘、淡、凉。归脾、胃、肺经。利水渗湿，健脾止泻，除痹，排脓，解毒散结。用于水肿，脚气，小便不利，脾虚泄泻，湿痹拘挛，肺痈，肠痈，赘疣，癌肿。9~30克，煎服。清利湿热宜生用，健脾止泻宜炒用。本品含脂肪油、薏苡仁酯、薏苡仁内酯，薏苡多糖A、B、C和氨基酸，维生素B_1等。薏苡仁煎剂、醇及丙酮提取物对癌细胞有明显抑制作用。薏苡仁内酯对小肠有抑制作用。其脂肪油能使血清钙、血糖量下降，并有解热、镇静、镇痛作用。津液不足者慎用。

猪苓

又名猪茯苓、地乌桃、野猪食、猪屎苓。为多孔菌科真菌猪苓的干燥菌核。菌核体呈长形块或不规则块状，表面凹凸不平，有皱纹及瘤状突起，棕黑色或黑褐色，断面呈白色或淡褐色。子实体自地下菌核内生出，常多数合生；菌柄基部相连或多分枝，形成一丛菌盖，伞形或伞半状半圆形，总直径达15厘米以上。每一菌盖为圆形，直径1~3厘米，中央凹陷呈脐状，表面浅褐色至茶褐色。菌肉薄与菌管皆为白色；管口微小，呈多角形。生长于向阳山地、林下，富含腐殖质的土壤中。主产于陕西、云南等地；河南、甘肃、山西、吉林、四川等地也有产出。春、秋二季采挖，去泥沙，晒干。切片入药，生用。甘、淡、平。归肾、膀胱经。利水渗湿。用于小便不利，水肿，泄泻，淋浊，带下。6~12克，煎服。本品含猪苓葡聚糖Ⅰ、甾类化合物、游离及结合型生物素、粗蛋白等。其利尿机制是抑制肾小管对水及电解质的重吸收所致。猪苓多糖有抗肿瘤、防治肝炎的作用。猪苓水及醇提取物分别有促进免疫及抗菌作用。利水渗湿力强，易于伤阴，无水湿者忌服。

泽泻

又名水泽、泽芝、水泻、芒芋、一枝花、如意花。为泽泻科植物泽泻的干燥块茎。多年生沼生植物，高50～100厘米。叶丛生，叶柄长达50厘米，基部扩延成中鞘状；叶片宽椭圆形至卵形，长2.5～18厘米，宽1～10厘米，基部广楔形、圆形或稍心形，全缘，两面光滑；叶脉5～7条。花茎由叶丛中抽出，花序通常为大型的轮生状圆锥花序；花两性。瘦果多数，扁平，倒卵形，背部有两浅沟，褐色，花柱宿存。生长于沼泽边缘，幼苗喜荫蔽，成株喜阳光，怕寒冷，在海拔800米以下地区，一般都可栽培。主产于福建、四川、江西等地。冬季茎叶开始枯萎时采挖，洗净，干燥，除去须根及粗皮，以水润透切片，晒干。麸炒或盐水炒用。甘、淡、寒。归肾、膀胱经。利水渗湿，泄热，化浊降脂。用于小便不利，水肿胀满，泄泻尿少，痰饮眩晕，热淋涩痛，高脂血症。6～10克，煎服。本品主要含泽泻萜醇A、B、C，挥发油、生物碱、天冬素、树脂等。有利尿作用，能增加尿量，增加尿素与氯化物的排泄，对肾炎患者利尿作用更为明显。有降压、降血糖作用，还有抗脂肪肝作用。对金黄色葡萄球菌、肺炎双球菌、结核杆菌有抑制作用。肾虚精滑者慎用。

冬瓜皮

又名白皮、白瓜皮、白东瓜皮。为葫芦科植物冬瓜的干燥外层果皮。一年生攀援草本，多分枝，枝蔓粗壮，全体有白色刚毛，卷须2~3叉。叶片心状卵形，长宽均10~25厘米，通常5~7浅裂，裂片三角形或卵形，先端短尖，边缘有波状齿或钝齿。雌雄花均单生叶腋，黄色；花萼裂片三角状卵形，绿色，边缘有锯齿或波状裂。果实呈长

椭圆形，长25~60厘米，直径20~30厘米，幼时绿色，表面密被针状毛，成熟后有白色蜡质粉质，果肉肥厚纯白，疏松多汁，种子卵形，白色或黄白色，扁平有窄缘。花期6~9月，果期7~10月。全国大部分地区有产。均为栽培。夏末初秋果实成熟时采收。食用冬瓜时，洗净，削取外层的果皮，切块或宽丝，晒干，生用。甘，凉。归脾、小肠经。利尿消肿。用于水肿胀满，小便不利，暑热口渴，小便短赤。9~30克，煎服。含蜡类及树脂类物质、烟酸、胡萝卜素、葡萄糖、果糖、蔗糖、有机酸，另含维生素B_1、B_2、C。有明显的利尿作用。因营养不良而致虚肿者慎服。

玉米须

又名玉麦须、玉蜀黍。为禾本科植物玉蜀黍的花柱及柱头。高大的一年生栽培植物。秆粗壮，直立，高1～4米，通常不分枝，基部节处常有气生根。叶片宽大，线状披针形，边缘呈波状皱折，具强壮之中脉。在秆顶着生雄性开展的圆锥花序；雄花序的分枝呈三棱状，每节有2雄小穗，1无柄，1有短柄；每1雄小花含2小花；颖片膜质，先端尖；外稃及内稃均透明膜质；在叶腋内抽出圆柱状的雌花序，雌花序外包有多数鞘状苞片，雌小穗密集成纵行排列于粗壮的穗轴上，颖片宽阔，先端圆形或微凹，外稃膜质透明。花、果期7～9月。喜高温。全国各地均有栽培。玉米上浆时即可采收，但常在秋后剥取玉米时收集。除去杂质，鲜用或晒干生用。甘，平。归膀胱、肝、胆经。利水消肿，利湿退黄。30～60克，煎服。鲜者加倍。本品含有脂肪油、挥发油、树胶样物质、树脂、苦味糖苷、皂苷、生物碱及谷甾醇、苹果酸、柠檬酸等。玉米须有较强的利尿作用，还能抑制蛋白质的排泄。玉米须制剂有促进胆汁分泌，降低其黏稠度及胆红素含量。有增加血中凝血酶原含量及血小板数、加速血液凝固的作用。煮食去苞须；不作药用时勿服。

葫芦

又名匏瓜、瓠瓜、壶卢、葫芦瓜。为葫芦科植物瓠瓜的干燥果皮。一年生攀援草本，有软毛；卷须2裂。叶片心状卵形至肾状卵形，长10~40厘米，宽与长近相等，稍有角裂或3浅裂，顶端尖锐，边缘有腺点，基部心形；叶柄长5~30厘米，顶端有2腺点。花1~2果生于叶腋，雄花的花梗较叶柄长，雌花的花梗与叶柄等长或稍短；花萼长2~3厘米，落齿锥形；花冠白色，裂片广卵形或倒卵形，长3~4厘米，宽2~3厘米，边缘皱曲，顶端稍凹陷或有细尖，有5脉；子房椭圆形，有绒毛。果实光滑，初绿色，后变白色或黄色，长数十厘米，中间缢细，下部大于上部；种子白色，倒卵状椭圆形，顶端平截或有2角。花期6~7月，果期7~8月。全国大部分地区均有栽培。秋季采收，打碎，除去果瓤及种子，晒干，生用。甘、平。归肺、肾经。利水消肿。15~30克，煎服。鲜者加倍。葫芦含葡萄糖、戊聚糖、木质素等。葫芦煎剂内服，有显著利尿作用。

香加皮

又名杠柳皮、臭五加、北五加皮、山五加皮、香五加皮。为萝科植物杠柳的干燥根皮。蔓生灌木，叶对生，膜质，披针形，先端渐尖，基部楔形，全缘，侧生长于河边、山野、砂质地。主产于吉林、辽宁、内蒙古、河北、山西、陕西、四川等地。春、秋二季采挖根部，

剥取根皮，晒干。除去杂质洗净，润透，切片晒干，生用。辛、苦，温。有毒。归肝、肾、心经。利水消肿，祛风湿，强筋骨。用于下肢水肿，心悸气短，风寒湿痹，腰膝酸软。3~6克，煎服。浸酒或入丸散，酌量。本品含十余种苷类化合物，其中最主要的是强心苷，有杠柳毒苷和香加皮苷A、B、C、D、E、F、G、K等。此外还有4-甲氧基水杨醛。香加皮具有强心、升压、抗癌作用，所含的杠柳苷有增强呼吸系统功能作用。此外，香加皮尚有抗炎及杀虫作用。本品有毒，服用不宜过量。

枳椇子

　　又名木饧、木蜜、鸡距子。为鼠李科植物枳的带有肉质果柄的果实或种子。落叶乔木，高达10米。小枝红褐色。叶互生，广卵形，长8～15厘米，宽6～10厘米，先端尖或长尖，基部圆形或心脏形，边缘具锯齿，两面均无毛，或下面沿主脉及侧脉有细毛，基出3主脉，淡红色；叶柄具锈色细毛。聚伞花序腋生或顶生；花杂性，绿色，花梗长，萼片5，近卵状三角形；花瓣5，倒卵形，先端平截，中微凹，两侧卷起；雄花有雄蕊5，花丝细，有退化子房；两性花有雄蕊5，雌蕊1，子房3室，每室1胚珠，花柱3裂。果实为圆形或广椭圆形，灰褐色；果梗肉质肥大，红褐色，无毛，成熟后味甘可食。种子扁圆，红褐色。花期6月，果熟期10月。野生或栽培。主产于陕西、广东、湖北、浙江、江苏、安徽、福建等地。10～11月果实成熟时采收。将果实连果柄

摘下，晒干，或碾碎果壳，筛出种子，除去杂质，晒干，生用。甘、酸，平。归脾经。利水消肿，解酒毒。10～15克，煎服。枳子含黑麦草碱、枳苷、葡萄糖及苹果酸钾等。枳子有显著的利尿作用，枳子皂苷有降压作用，枳子匀浆液有抗脂质过氧化作用和增强耐寒、耐热功能。脾胃虚寒者忌食。